面包八卦

娄睿佳「著」

面团是会自己工作的，面包师要做的就是帮助面团更好地工作。

上海文化出版社

作者与 M.O.F Jo ël DEFIVES 的合影 摄于 2017 年

M.O.F，是法文 Meilleur Ouvrier de France 的缩写，这是一个奖项的名称，中文翻译成“法国最佳手工业者奖”，法国 3 万名面包师里只有 60 位 M.O.F。

写在前面的话

十几年前，我在某次午宴上遇到了当时《天下美食》杂志的主编谢立，互留了 QQ。之后的某一天，刚从公关公司离职的我主动询问了她："请问你们杂志需要编辑吗？"她说："要的，你有什么人要推荐？"我说："我毛遂自荐啊。"后来，我就入行做了美食编辑。一做十年。

当时的我肯定想不到，十多年之后，我竟然可以出版一本关于面包的书，不过依我这样积极进取主动寻求改变的个性和很强的行动力，什么事情在我身上发生都是有可能的。

2015 年 5 月，我的儿子出生，为了更好地照顾他，我暂时当了全职妈妈，其间也给几个美食公号写稿。在那段时间里，我去考了国家高级西点师，还在乐逢法式厨艺学校学习了法式面包，从基础班、全能班一直学到了大师班。

有一年多的时间，我每天都在家里做面包，最多的时候一天做四种近二十个，这本书里就收录了我当时用家庭设备制作面包的心得。专业面包师熟练掌握了面包的语言，但他们中的大部分并不会写作；写美食的人有很多，深入了解面包制作并有实操经验的人也不多。也就是说我是一个比较少见的既掌握了面包的语言又掌握了写作语言的人，所以才有了这样的一本书。

经过我在公众号“面包八卦”和在《橄榄餐厅评论》近一年面包专栏的累积，我挑选出了精品文章并重新修改润色，才有了眼前的这本《面包八卦》。

书中前半部分的文章，我以轻松的口吻来为大家解读面包的语言，后半部分的食谱里，我整理了十八个适合家庭制作的配方，其中有一部分是我自己特别想推荐给大家的“不揉面”系列，这部分的面包是不需要厨师机就可以在家里实践的。

法国人有一句谚语：“面团是会自己工作的，面包师要做的就是帮助面团更好地工作。”“不揉面”系列正是基于这个理念，根据面团本身的特性，利用家庭常备的一些小工具和现代电器——冰箱而设计出的面包配方和制作流程，顺势而为，省时环保，可以说是本书的最大亮点了。

这个做法国外已有人写过书，但在国内还没人系统整理过，我可以说是系统整理“不揉面面包”制作法的“国内第一人”了。

法式面包的品种说来说去就是那么几个，法棍、乡村面包、可颂等等，在基础班、全能班和大师班学来学去无非也就是这些基础品种和基于它们而来的品种变化。同样的配方，由不同的面包师来处理，会有不同的理解，也就有不同的制作流程。因为配方是死的，人是活的。

就拿法棍来说吧，最普通的配方当然是直接法（将所有材料直接混合发酵的面包制作方法），略有难度的是波兰酵头版本，再难一点的大师配方往往就是天然酵母隔夜冷藏的版本，这配方和配方之间的不同，可以理解为法棍制作的几个层次。同一个品种，不同的面包师对它的理解是不同的，有些根本不在一个层面上，让我对面包的制作有了一个立体的认知，这一点是我学习了基础班、全能班和大师班之后的最大收获。

由此及彼，其实各个菜系中也存有这样的维度问题，同样的一道菜，普通厨师和大师的出品并不是平面上的不同，而是维度上的高下。

学习法式面包两年多的时间里，做过公号，也做过小型的烘焙教室，最终因缘汇聚得以成书，书里有我的学习心得，也有我和家人、朋友的生活记录，我十分感恩，说不定将来也有其他可能性，不能给自己设限。希望这本书可以给你带去一点有关于面包制作和品尝的启发，帮你打开一扇认知面包的大门，谢谢你的支持！

书中的图片既有在乐逢欧式面包课程上的随堂记录，也有同学和朋友的无偿支持，再次感谢所有支持我的亲朋好友！

欢迎读者们前来跟我讨论面包话题，可以直接查询和添加我的个人微信号“ricalousmall”。

目 录 CONTENTS

基础知识

如何品鉴

食谱

许多人都不知道，做一个手工面包至少需要3个小时的时间，有些更长。不难想象，吃面包的人和做面包的人之间存在着巨大的误解。所以才有了这部分的章节，读完之后，面包师和食客之间的距离更近了。

基础知识

有句话说得好：“当你知道为什么，你就知道该怎么做。”所以，了解面包制作每一步的原理和意义很重要。在这部分，深入浅出地分析了面包制作步骤背后的意义。光知道步骤是不够的，知道了背后的意义，你就会知道该如何变化。

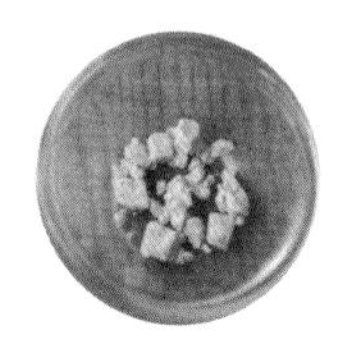

酵母是什么?

我很好奇一件事，在酵母没有被显微镜发现之前，面包师是如何制作面包的呢？要知道，发酵面包的历史可以追溯到大约 4000 年前，而直到显微镜问世之后的 1857 年，法国化学家、细菌学家 Louis Pasteur 才证实酵母确是面包发酵之原因。酵母其实是自然界天然存在的一种单细胞真菌，而酵母被当做商品广泛出售只是上个世纪初的事。

让我们设想一下，回到 4000 年前的埃及，很显然，最早的面包师应该就是出现在那个时代的。那时的人们已经懂得将磨碎的面粉加上水和蜂蜜等材料做成面团，然后放在火上烘烤，成为一种面饼，这就是“无酵饼”（无酵饼有 6000 年历史）的一种，与现今的印度烤饼相似。

有一天，一个奴隶将面团放在炉子边上，没有及时拿去烤，也许他睡着了，也许他忘记了。到了第二天，他发现面团鼓了起来，闻起来有一股酸酸甜甜的味道，好吧，事已至此，闻起来没坏，那就去烤吧。他的主人吃到了这样烤出来的面饼之后说："哦，怎么那么好吃啊？"此后，人们便发现了面团在温暖的地方放上一夜后会更好吃的自然现象，面包就这样偶然地诞生了。古人当然没办法用科学来解释这一切，自然会将发酵现象归于上天的旨意。

其实，属于单细胞真菌的酵母芽孢遍布于空气和谷粒表面，很容易就能使富有营养的面团发酵。将这样的野生酵母以面团或面糊的方式保存下来的酵种，就是我们今天所说的"天然酵种"。Yeast 这个词古已有之，当时指的就是发酵液的泡沫或沉淀物。咦？听起来就跟今天所说的"天然酵种"一模一样。

我们简单说一下面包的制作原理。小麦粉含有两种特殊蛋白质（麦醇溶蛋白和麦谷蛋白），遇水后成为面筋。同时，酵母以小麦中的糖分为食物代谢出酒精、二氧化碳以及一系列复杂的化学成分。面筋包裹住了二氧化碳和这些成分，烘烤后就成为香气四溢又好消化的面包啦。

所以，不难想象，过去的面包师通常都会留有一块酵种，每天做面包的时候加进去，然后再从当天的面团里留一块下来续种——这样看来，真的是有传说中的"千年老面"呢，就是一块流传了很多年，每天都更新的富含酵母的面团，我们也可以把它叫做固体"天然酵种"，也叫"固种"。

因为用面团或面糊来采集大自然里的酵母，“天然酵种”里的成分除了酵母外，还会有乳酸菌和其他一些杂菌，所以我比较倾向于用“天然酵种”来正式称呼它，而不是“天然酵母”。

也正是因为有这样一块神秘的酵种存在，过去的面包师都有着紧密的师徒关系，而且没有各种现代工具的帮助，要用感官来估计面团发酵的情况真的不是一朝一夕可以学会的。如果控制不好发酵流程，面团可是会腐烂的哟。

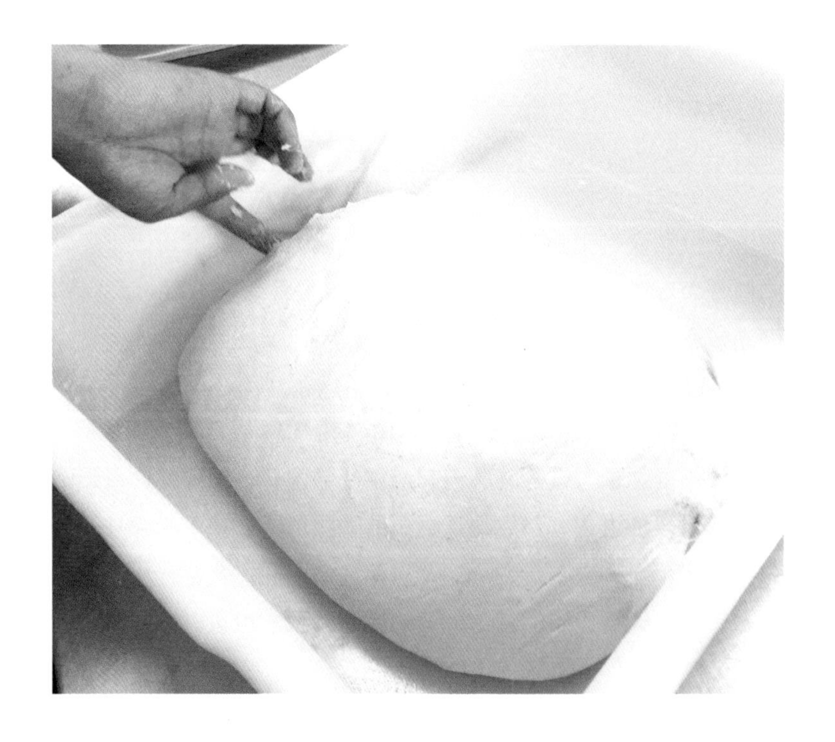

后来，科学家从各种酵母中挑选出了一种活力较强又很喜欢劳动的酵母来进行人工培育，虽然是面包酵母，但它和啤酒酵母、清酒酵母及葡萄酒酵母同属一个类别，是一种酿酒酵母。经过一系列复杂的流程后，酵母变成了可以售卖的商品，这对于面包行业来说是一个革命性的事件。

天然酵种的培育相当不易，用它制作面包也并不容易，所以越来越多的面包师开始使用商业酵母而逐渐放弃了古老的天然酵种。商业酵母加速了面包的工业化，做面包成为一件容易的事。现在，只要买一些商业酵母，谁都可以在家里制作出面包，因为商业酵母里只有酵母没有其他杂菌，发酵过程较容易掌握。

做好面包有三大要素，所谓“一粉，二种，三技术”，酵种，也就是酵母所占比例很小，但却对面包的风味有很大的影响。可以想象，如果全世界的面包都用一种酵母会是什么样的情景?！商业酵母使用和流通起来虽然方便，但滋味却比不上天然酵种的丰富，所以也有越来越多的面包师重新拾起这种古老的面包发酵方法。不少面包师将天然酵种和商业酵母结合起来使用，既提升了效率也改善了风味，我觉得这种做法将成为未来的主流。

商业酵母让做面包成为一件容易的事，但只有掌握了天然酵种的培育和使用方式，才算是窥见了这门古老行业的灵光。

鲜酵母

鲜酵母又是什么？

比较常见的市售酵母，也有人喜欢叫它们“工业酵母”，因为它们是大规模工业培育下的产物。但是，有一点还是要明白的，虽然是人工培育出来的酵母，但它们仍然是天然产物，只是人类从各种各样的酵母菌里找出了一些比较喜欢干活，又比较听话的，来大规模繁殖，可不是人工合成的。

市售酵母又大致分为“干酵母”和“鲜酵母”，听名字大概可以猜到，“干酵母”一定是脱水后的酵母。其实它的全名叫“即发活性干酵母”，现在的技术可以令它的水分含量只有4%~6%，颗粒小，发酵速度快，使用时不需预先水化，可直接使用。

虽然很多人用干酵母来制作面包时，都会先用温水将干酵母化开，但其实现代技术条件下生产出的干酵母是完全不需要这个步骤的！不信下一次你试试，搅拌面团的时候直接倒入干酵母，只要面团最终温度控制在24°C~27°C，面团肯定会发酵的。

传说中还有一种半干酵母，但是我从来没见过，网络上也没有找到，我们就暂且忽略不计吧。

我们比较容易买到的法国燕牌干酵母，红色的俗称“红燕”，低糖酵母，适合做无糖无油的欧包，或者糖的含量占面粉的10%之内的面包；金色的俗称“金燕”，高糖酵母，适合做各种甜面团，什么吐司啦，可颂啦，都可以用它来发酵。一般来说，高糖酵母既可以用来发酵甜面包，也可以用来发酵低糖面团，所以，家里如果要备一种酵母，就备“金燕”足矣。注意，没有打开之前，干酵母只要储存在阴凉干燥处就好了，一旦打开，请密封冷藏尽快用完。

我推荐大家买 15 克装的干酵母，因为家里做不了很多面包，酵母用都用不完的，坏掉的概率比用完要大很多。

既然“干酵母”的特点是水分少，那相对的，“鲜酵母”的特点就是水分多，水分含量为 65%~69%。“鲜酵母”是由人工培育完成的酵母菌们直接压榨而成的，所以买来的样子是方方正正像砖头一样一大块，一块有 500 克，就算你家天天做面包，40 天累积使用也只能用掉小半块——鲜酵母保质期很短，大约为 40 到 45 天，一般买回来估计也就只有 40 天的保质期了吧，所以每次买一块足矣。

鲜酵母必须保存在 0°C ~4°C 的温度范围内，也就是全程冷藏。温度太低，会将酵母冻死，温度太高，它会非常活跃，然后就会导致呼吸增殖太快而死，所以，鲜酵母是比较难伺候的。不过，来自法国的面包师很多都喜欢用鲜酵母，他们认为鲜酵母没有经过快速脱水这个步骤，相对来说更加天然一些。

我使用下来，感觉鲜酵母很适合制作低温冷藏发酵的面团，这大约与它们一直生活在 0°C ~4°C 的温度中有关系。如果你比较喜欢用低温冷藏的发酵方法来制作面包，那么鲜酵母的表现会比干酵母更好。

至于风味方面呢，有些师傅认为鲜酵母会更好一些，我觉得好像区别不是特别大，如果想让面包风味出众，还是要用自己培育的天然酵种啊。相对来说，市售酵母像中规中矩的“家养动物”，“天然酵种”像“野生动物”，有各种不同的野性和风味，和生活环境、水质等等都有关系。天然酵种培育出来之后，面包师还得熟悉它的品性，能够很好地控制它，这样才能稳定地用它来发酵制作面包。

最后来说说干酵母和鲜酵母之间的转换，一般来说是 1:2，也就是说：如果看到配方里是 1 克干酵母，就相当于 2 克鲜酵母。还有一点也必须记住，酵母最喜欢的温度范围是 24°C ~28°C，在这个温度范围里，它会有很出色的工作表现，也就是面团会持续发酵并产生好味道，温度的上限是 38°C，超过这个温度，酵母就会集体“阵亡”了。

做手工面包需要多少道工序?

有一次我与朋友闲聊，说起做一个手工面包至少 3 个小时的时候，他表示很吃惊。看起来大家都觉得做面包和买个面包一样，是一件非常简单的事。

大约所有的行业都是如此，外行人都是看热闹的，就像品牌客户总是认为“写个公号需要花多少时间啊? 凭什么收那么多钱”一样，吃面包的人和做面包的人之间也存在着巨大的误解。

印象最深的是前两年一家网红面包店囤积大量过期法国面粉的新闻爆出，本地有位挺出名的食家竟然说：“做面包还需要进口面粉，太装了! ”对于这位食家的无知，我也是很震惊。法国面包当然要用法国面粉来做啦，换面粉不像烧菜里换个配菜那么简单，配方和操作流程都要做更改的，况且法国面粉的加工方式和其他国家的面粉加工方式不同，用其他面粉是做不出法国面包的风味的。

所以，我就想到要写一篇短文，来说说做面包到底需要多少道工序。当然，工厂流水线上出品的面包不在本文讨论的范围内，在手工面包师的眼里，那些加了很多添加剂、最快几十分钟就能做好的产品基本上都不能称为“面包”了。

做手工面包一共需要 11 个步骤！是 11 个！你没有看错。

Step 1：准备工作

这个挺好理解，就是准备工具啦，准备材料（包括控制材料的温度，该冷藏的要事先冷藏）啦，然后给材料称量，同时也要做好心理上的准备。

Step 2：和面

这时就是用手揉面或者用机器揉面啦。这个步骤有三个目的：搅拌材料使材料分布均匀，形成面筋，以及准备开始发酵。

另外要说的是，手工面包，又被称为“工匠面包”（Artisan Bread），通常指的是用传统、天然的方式来制作面包，和工厂出品加了很多添加剂的面包是截然不同的，但是也会运用到一些机器，比如揉面机、开酥机之类的，并不是说手工揉面的就是手工面包。

Step 3: 初发酵

一般我们叫做“一发”。《学徒面包师》里说：“面包成品质量的好坏 80% 取决于初发酵，其余的 20% 取决于烘焙阶段。”《面包科学》里说：越是接近搅拌的步骤对面包味道的影响越大，越是接近烘烤的步骤对面包的形状影响越大。

Step 4: 排气

一般来说，排气是通过按压面团的方式进行的，有四个目的：首先，将面团发酵产生的多余二氧化碳排出，不然这些二氧化碳会使酵母窒息；其次，让面筋松弛；第三，调节面团外和面团内的温度差，这温度差是由于发酵引起的；第四，面团经过排气后，营养物质会重新分配，让面团继续更好地发酵。

Step 5: 分割

这个很好理解，将大的面团分割成最终成品的分量。切口越少越好，尽量精确切割。生手和熟手切起面团来，速度差得可不是一点点哟。

Step 6：滚圆

滚圆是对面团的初步整形，要记得保持表面光滑，如果这一步的面团表面不光滑，是会影响到最后成品的哟。

Step 7：静置

这一步有的叫做“松弛”，有的叫做“二发”，滚圆后要放置 30 分钟，让面筋松弛下来，使最终整形更加容易。

Step 8：整形或装盘

将面团整形成最终的模样，是棍子是球，这个时候可以看出个大概啦。面包的造型可以说是多种多样，球形、鱼雷形（有的叫梭形）、法棍形、皇冠形、烟草盒形、辫子形、普雷结、波尔多花环等等。如果是吐司类的，直接放进模具就好了。

Step 9: 醒发

有的叫“三次发酵”,有的叫“二次发酵”,一般称“初发酵”为“发酵”,“三次发酵”为“醒发”，你记住了吗? 反正就是面团最后一次发酵, 经历这个过程后, 面团大小需要达到最终成品大小的 80%~90%，并不是每一种面包都要发到所谓“两倍大小”的, 还是要根据品种来决定。有些面包这时就要开始装饰了。

Step 10: 烘焙

面团发酵完, 有些进行割包, 有些进行装饰, 然后放入烤箱。

烘焙是非常重要的步骤，在烘焙之前的步骤稍有差错还可以弥补，但是烤过头就没有办法啦，所以当面包师可以独立完成烘焙这个步骤，才算是正式出师。

Step 11: 冷却

冷却是烘焙过程的延续,要等面包内部完全熟透,并逐渐凉下来了,才可以品尝它, 需要有耐心哦。

手工面包需要那么多的步骤, 你是不是挺吃惊? 所以你一定要好好珍惜为你做面包的人哟!

可以用温水做面包吗?

虽然我开了一个关于面包的公号，但是，通常我不会在那里写关于面包的配方。为什么呢? 因为对于初学者来说，光看配方和步骤是很难做出成品的，有时侥幸做出来了，也不能保证一年四季在任何状况下都能做出来。面包的发酵关乎温度、湿度，变量太多，不太容易掌控，所以，我就不太愿意写配方，三言两语也实在说不清楚。

有时我看到一些网上流传的面包配方，常常会在“水”这一栏里写上“温水 xx 克”，我就觉得这样的配方有些不负责任，水是制作面包最重要的原料之一，也是最重要的变量之一，不同季节制作面包时加入面团中的水温是不同的，绝对不能只用“温水”二字就了事;同样的，只写“冰水”的也不太负责任。

所以，在这里，简单地告诉大家一个计算水温的公式，这个公式可以说适用于大部分面包配方。

基础温度 = 水温 + 室温 + 面粉温度

就拿法棍来说，基础温度通常是 56℃，如果室温是 26℃，面粉温度通常跟室温一样，也是 26℃，所以可以计算出水的温度就是 56℃ −26℃ −26℃ =4℃，就是冰水啦。依次推算，室温下降到 10℃左右，水温就是 36℃，这才是温水好吧。如果室温接近 30℃，水温算出来会是负数，总不见得用冰块来做面包吧，这时该如何调节温度呢？将面粉降温！所以酷暑时做面包，面粉最好是经过冷藏的，尤其是做甜面包。

56℃这个基础温度比较适合做无油无盐的欧包，加入黑麦的面包品种基础温度会稍微高 4℃左右。不过通常记住 56℃这个数字就够了，水温略微偏低会使面团温度略微偏低，相对来说发酵时间会略微长一些，也较容易控制流程，风味也较好，相比面团温度略高是更有利的。

对于甜面包，由于搅拌的时间会比较长，通常基础温度都会比较低，大约 50℃左右，所以做甜面包的牛奶、黄油、鸡蛋等液态材料一年四季都最好是直接从冷藏室里拿出来的。

《学徒面包师》中这样写道：**“烘焙出好的面包归根结底在于一点，即通过控制时间和温度来控制最终的成品。”**“控制”是一个非常重要的概念，因为烘焙师所做的每一个决定都会体现在成品中。烘焙师根据外在环境做出的反应和自身的调节能力体现了他的技术，这也是烘焙中最有趣和最具挑战性的部分。

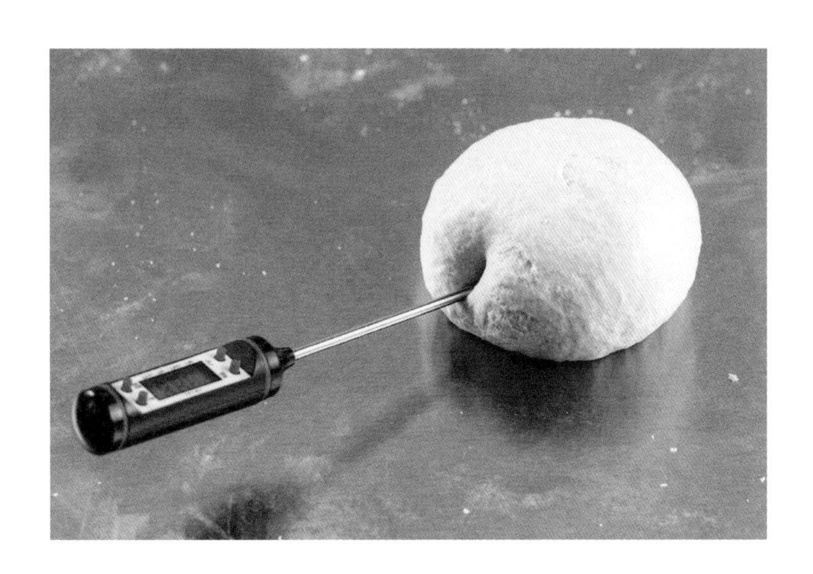

如何用厨师机揉面?

假如你有经常在家里做面包和蛋糕的需求，买一台厨师机还是有必要的。当然，也有人喜欢用面包机揉面，但因为我没有使用过面包机，所以无法比较两者之间的优劣。如果你喜欢做面包的这个过程，又很喜欢烘焙的话，厨师机加烤箱的组合基本上可以做出大部分的烘焙品种。从这个角度说，有厨师机就够了。

对面包“小白”来说，用厨师机揉面，有几个注意点必须要知道——

1. 先放粉类，再放液体。

因为面粉比较轻，可以跟盐和糖一起放在底下，液体比较重，放在上方，可以让两者更好地混和在一起。

2. 开机先用最低档。

如果一开始就用快速档，面粉是很容易飞出来的。

3. 酵母最后放。

因为有时在家里做面包，放料的过程会被打断，比如你接了个电话，比如有快递员送东西等等，而酵母不能与盐、糖长时间接触，不然就会失效。所以养成开机前才放酵母的习惯会比较好，这样就不太容易出错了。

4. 看不见单独材料时，可以开高速档。

当所有材料都混合在一起了，用肉眼看不见单独的材料时，你就可以将厨师机的速度调高进行下一步的操作啦。

5. 高油高糖面团，普遍采用"后油法"。

如果是揉制高油高糖的面团，黄油多数在后面加入。低速换高速，搅拌到面团有七分出膜的情况下，再将机器调至低速，缓慢多次地加入黄油，每一次都是到黄油看不见，才将下一批的黄油放入，直到黄油被面团充分吸收。然后再次调到高速，将面团搅拌至出手套膜，也就是完全状态（Final Stage）为止。

没醒发箱，如何发酵面团？

有不少朋友问我：家里没有发酵箱，又不太可能专门购置，该如何发酵面团来制作面包呢？

上海的春秋季，室温大约 26° C，是非常适合面包发酵的温度，面团只要放在密闭容器里，在室温条件下就可以发酵了。如果没有密闭容器，那就在面团上盖上一块湿润的布或保鲜袋。

为什么要这样做？怕的就是室内空气流动太快，令面团表面干燥结成一层“硬壳”，这样一来会影响面团的膨胀，也会影响到最终的成品。所以，面团如果放在室温内发酵就要注意密封，你也可以用一个大的沙拉碗或不锈钢搅拌碗倒过来盖在面团上，当然要记得预留一些发酵空间。沙拉碗空间够大的话，还可以在里面放上一杯沸水来提升温度和湿度。用比较大的密封罐来做面团发酵箱是比较方便的做法,我自己平时就用两只大的密封箱来轮流放面团。

等到天气再冷一些的时候，就可以使用微波炉或烤箱来做发酵箱。有些烤箱有发酵功能，可以在里面放杯热水增加湿度。没有发酵功能的烤箱，也可以低温预热一段时间后，放入一杯沸水作为一个临时的发酵箱。微波炉的话,先放入一大碗沸水加热加湿一段时间，然后再将面团放进去。

在更冷的情况下呢，我读到过用电动洗碗机来做发酵箱的例子。启动洗碗机的程序，不要放洗碗剂，让洗碗机内部充满蒸汽，这时放入面团。不过洗碗机内的温度会很高，比较适合最后醒发，估计30~45 分钟内就会完成发酵，要密切注意时间。在冬天开着暖气的房间里，面团能在室温下发酵是最好的，虽然会缓慢一些，但能够令面包获得更好的风味。

我自己曾经试过用大只的保温袋作为发酵箱,里面放上一杯沸水，然后放入面团，非常方便和实用。不过到了大冬天就会不太可靠，于是又去网络上买了一只简易发酵箱——发热膜加上保温袋，不用时可以折叠起来，只有 100 多块钱，也算是很实用的选择啦。

做面包为什么要放酵头?

我有一个美食家朋友，笔名叫做“老波头”，我每次在朋友圈里发我自己做的“波兰酵头法棍”，他都会在底下留言：怎么又做波头？真的是，波兰酵头的简称不就是“波头”嘛，总而言之，老波头你啊就是跟美食有缘分。

熟悉法式面包的朋友通常都会听说过波兰酵头的大名，这是法国面包师常常会用的酵头之一，之所以取名“波兰酵头”，是因为发明这种酵头的是一位波兰面包师。

先来说说，到底什么是 “酵头”。大家都知道，制作面包需要揉面，揉好的面团又分为两种，一种是直接面团，就是所有的材料都直接使用；另一种是间接面团，除了需要揉和的食材外，还包括了一部分已经提前混合搅拌或发酵的面团，这类事先发酵的面团通常就被叫做“酵头”。啧啧啧，这不就是我们常常说的老面嘛，嗯，其实是同一样东西，形态上有所不同。

用直接法（直接面团）做成的面包，大多数风味是直接从材料里所得到的，来自发酵过程中面粉由酵母分解所产生的风味会比较少，这个很好理解。直接面团里所含的酵母量通常较高，这样可以让面团在比较短的时间内得到充分发酵，我们常常见到的三明治面包啦，汉堡包面包啦，含有很多糖、奶、黄油的甜面包啦，很多都是用直接法做成的。

但是对于另外一类面包，尤其是需要靠发挥面粉本身魅力的面包来说，提前使其中的一部分原料进行发酵以延长面团的整体发酵时间，会对风味产生很大的影响。比如说我们熟悉的法棍、全麦面包、黑麦面包等等，就会因为提前制作了酵头而更有风味、更有层次，面包也更容易消化，而且老化得更慢一些。所以呢，如果你在面包房里看到波兰酵头法棍和普通法棍同时陈列，当然要买波兰酵头法棍啦！再补充一句，因为经过更长时间的发酵，波兰酵头法棍的颜色通常会比普通法棍更深一点点，皮更脆，组织更有韧劲。

酵头在形态上可以分为湿润的和像面团一样固态的两大类，但在此之下又有很多种分类和名称，因为都是翻译过来的，所以也是蛮搞的。

常见的湿润形态的酵头就是波兰酵头，还有一种固态的，看起来就跟普通面团没有差别，法文叫做“Pâte fermentée”，翻译过来是“发酵面团”的意思，也有翻译成“老面”的。通常你在法式面包配方里如果看到“老面”或“发酵面团”，那意味着加一份发酵过的法棍面团。日本面包师的配方中也常常会加入一部分事先做好的发酵面团（未必是法棍面团），它有一个我们常常听到的名字：中种。

我自己学习的是法式面包，所以接触波兰酵头比较多。法式面包通常使用 50% 的波兰酵头，我把这个方法写一下，有兴趣的朋友可以自己试试看，把手上常用的直接法法式面包配方改成波兰酵头配方，这是很有意思的尝试。理论上说，任何面包的面团都可以用波兰酵头来发酵制作，只要你会换算材料。

举个例子，假如原配方里是 100 克面粉、60 克水、4 克盐、1 克酵母的话，制作 50% 波兰酵头就是先取 50% 的水，也就是 30 克水加上同样分量的面粉，然后取 1/3 的酵母，混合后室温里放 2 个小时后放入冰箱冷藏发酵，第二天取出来，把配方里剩下的部分都加进去打面即可，之后制作的流程不变。你会发现同样的配方，波兰酵头面团会更加柔软，整形难度略有提升哦。

汤种是个什么种?

在很多日式面包店里，我们常会看到“汤种吐司”这种名字，咦?“汤种”到底是个什么东西? 日本人将热水称为“汤”，所以从名字上我们可以判断出“汤种”貌似是日本人的发明嘛。所谓“汤种”，字面上解释就是“用热水做的面种”，但这里的“种”和

我们普通说的“酵种”并不是一回事——汤种里是不含酵母的，只有热水和面粉，本身没有任何发酵作用，因此，仅用汤种做出来的面包仍然属于“直接法”制作的面包。

能够被称为“汤”，水温起码在 60℃以上。一般来说，65℃ ~70℃是小麦粉中淀粉糊化的温度，遇热的水分子大量进入淀粉粒内部，淀粉粒迅速膨胀，体积可增大几十倍，形成黏稠的胶体。所以，理想中的汤种制作完成时应该在 65℃左右。汤种中的面粉与水比例通常为 1:5，混合后一边小火加热一边搅拌到没有颗粒状为止，并且要随时观察温度，防止淀粉粘底。

在面包原料中加入富含水分的汤种，能够令面包成品具有更高的含水量、口感柔软有弹性，同时也能延缓面包的老化，所以汤种面包往往更受老人和小孩的欢迎。当然，亚洲人普遍都比较喜欢吃汤种面包，我自己也很喜欢呢。

其实，欧洲人也有类似于“汤种”的做法，比如说传统百分百黑麦面包就是用 70℃热水和黑麦粉混合之后，待到面团降温后再加入酵母、盐等材料。黑麦面粉本身没什么面筋，成品会比较硬实，更需要利用淀粉的糊化作用来提升含水量，百分百黑麦面包的含水量通常也是百分之百。

我国的面食丰富多彩，其中也有类似做法，不过换了个名称，叫做“烫种”，原理跟汤种一样，但操作起来简便很多。一个是“汤种”，一个是“烫种”，一字之差，水温相差 30℃左右。所谓“烫种”，是将开水倒入面粉中，让面粉中的淀粉迅速糊化。在烫种中，面粉与水的比例大约为 1:2。注意要先把水烧开，然后再称量倒入面粉中搅拌，因为水烧开后会有一部分变成水蒸气。

相比需要开火一边加热一边搅拌的汤种，烫种操作简单，同时也能够达到让淀粉糊化的目的，所以现在有越来越多的面包师，包括日本面包师，都开始使用烫种这种技术来制作面包啦。

最后要提醒你，无论是汤种还是烫种，都是冷藏一夜后用来制作面包效果更好噢，如果做不到冷藏一夜，至少也要降到室温再使用，因为高温会将酵母烫死。

面包为什么要割包?

在没有系统学习欧包之前，我自己也在家里制作过面包，那个时候不知道面包要割包，每一次烤出来的面包形状都有如各种奇形怪状的石头，不是这里突出一块，就是那里突出一块，样子都很搞笑。系统学习了欧包之后，我才知道，原来烤面包之前需要——割包！漂亮的割包不仅与怎么割有关系，还与面团的发酵程度、烘烤的温度等都有密切的关系，所以一只面包的割包如果漂亮，那它也一定很好吃。

我们都知道,发酵是一个酵母分解面粉中的大分子产生二氧化碳、酒精以及其他一些物质的过程，也就是说发酵会令面团内部产生很多气体，割包就是为了给这些气体引流，让这些气体按照面包师设计的形状排出。如果不割包，气体就会随意冲破面包的表皮，形成各种不规则的凸起破皮，甚至还会像“肿瘤”一样非常难看。《学

徒面包师》里这样描述割包:“如果割得巧妙的话,刀口可以在很大程度上强化面包的外形线条,无论是直的还是弯曲的,有力的线条都是面包品质的证明。”所以,割包漂亮的面包一定不会难吃的。割包不仅可以作为判断面包品质好坏的标准之一,也可以作为面包师的签名。当你的技术熟练之后,不妨为自己设计几款特别的割包花纹。

对于割包刀来说,要求只有一个,那就是——锋利!割的时候请注意用刀片的尖头来割,而不是横着划,否则会令刀片沾上面团,变得不锋利。如果希望裂口是从中间裂开的,那么就将刀片垂直以尖头部位下刀即可;如果是想割出法棍的“小耳朵”,那么刀片和面团之间要呈 45 度角。

虽然法棍成形后看起来刀口是斜的,但实际割的时候是偏着一条竖线来割的,刀口和刀口之间还有一段是平行的,这样才能有最后的橄榄形刀口呈现。

听说手术刀也很适合用来割包,也许你可以试试看呢。

做面包一定要揉出手套膜吗?

众所周知，做面包多数时候得揉面，但揉面揉到一个怎样的程度，对于没有经过专业训练的业余 / 家庭面包师来说，可以说是一个难点。在各种面包培训班或者论坛，还有面包教学视频中，我经常可以看到别人问这个问题："请问要揉出手套膜吗？"

先来说说什么是"手套膜"？

用手将面团轻柔推开，缓缓伸展开来可以薄薄地布满整个手掌的状态就被称为"手套膜"，这说明面团中的面筋已经充分形成。我猜想，"手套膜"这个俗语大概只有中国烘焙界才有，法国人从来不说手套膜，日本人好像也不太谈手套膜，熟练的面包师稍微撑开看一下就可以了，没必要把面团拉出一张手套膜来呀。

好了，解释完手套膜，我就要跟你说：做面包当然不一定要揉出手套膜！

我先来给你科普一下揉面的几个阶段，每个阶段都有不同的名称，只是没有一个叫做“手套膜”。

阶段 1：拾起阶段，又叫抓取阶段（Pick-up Stage）。

将面粉、砂糖、脱脂奶粉等原料加入水中搅拌，无法形成面团。粘黏状态，材料分布不匀，无论哪个部分都很容易被抓取下来。

阶段 2：成团阶段，又叫水分吸收阶段（Clean-up Stage）。

搅拌机由低速转为中速。面粉等包覆水分，终于粘结成团。面团整合后打面盆也变得干净了，但是面筋形成较少，即使将面团推展开，面筋薄膜较厚且薄膜切口是凹凸不平的。

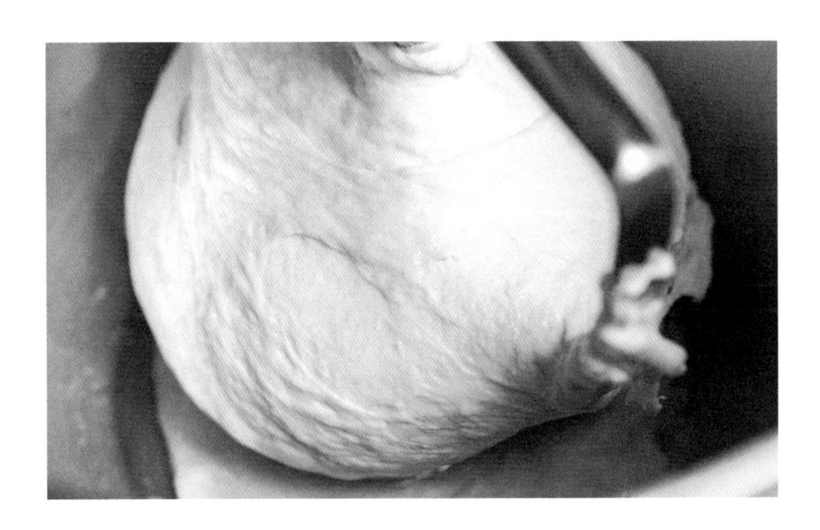

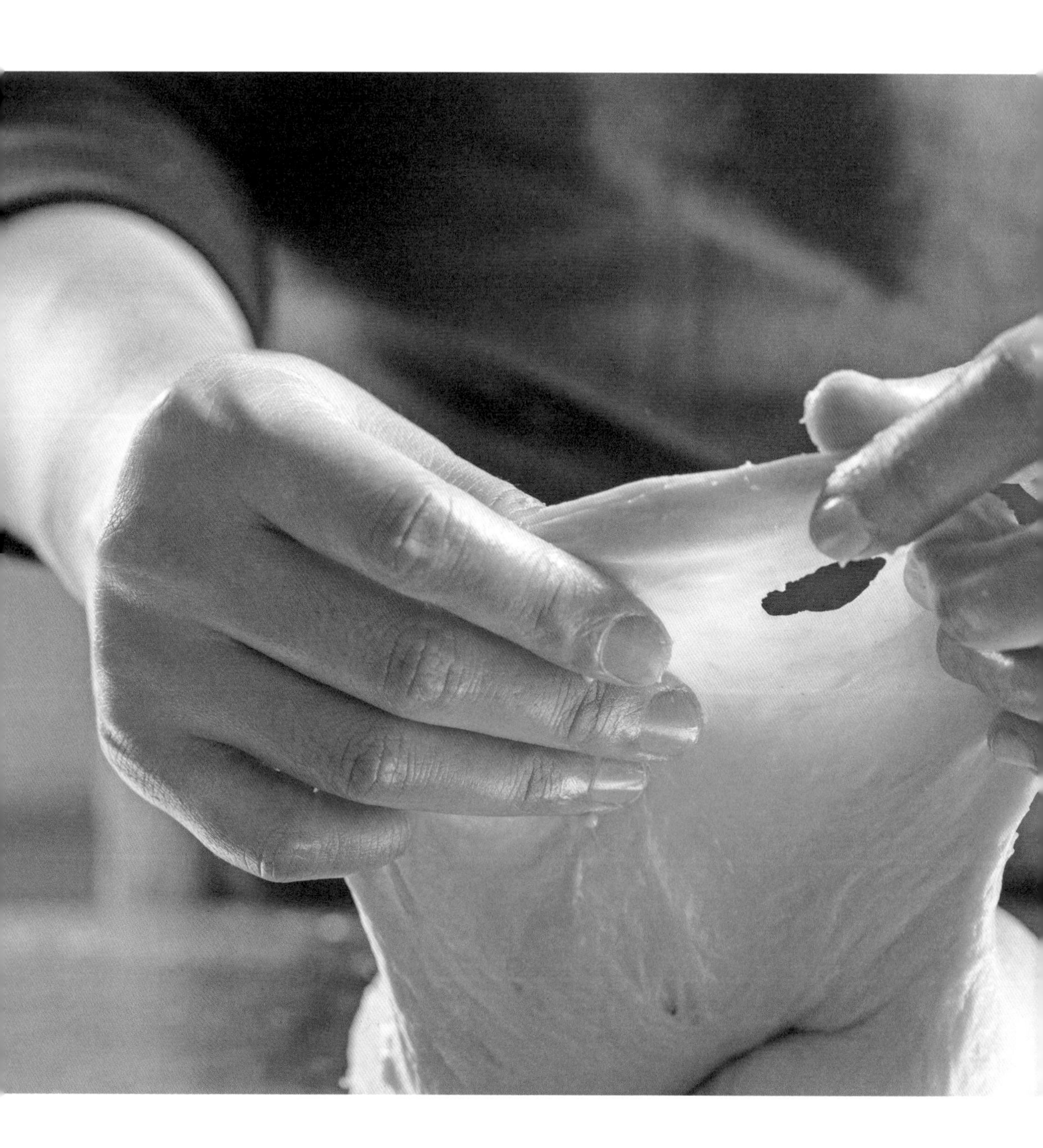

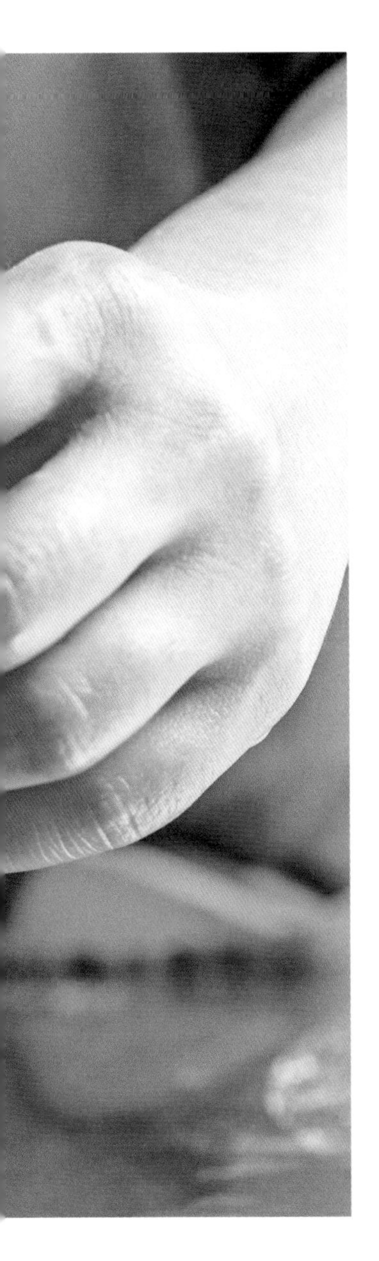

阶段 3: 结合阶段(Development Stage)。

随着面筋结合延展、水合作用的进行，外观开始变得光滑。将面团推展开时，面团是具有延展性且连结状况良好，抗延展的弹力也很强。面团会粘黏在搅拌桨上，但碰到搅面盆时会有干涩的钝器声。

阶段 4: 最终阶段(Final Stage)。

结合阶段后半段就是扩展阶段了，也就是出现手套膜的时刻! 面团会粘在搅拌桨上，但敲叩在搅面盆上时，会粘连在盆上，感觉到其延展性，这时敲叩的声音会变得尖锐。这时推开面团，会有光滑且薄的状态，而且会很干爽。

阶段 5: 搅拌过度阶段，又叫断裂阶段(Let-down Stage)。

搅拌过度，面筋就会断裂，这个时候的面团又会变得异常粘黏，呈现湿润的表面，面团完全没有抵抗能力，会薄且流动般地向下流。呃，基本上，家庭搅拌机要把面团打到这个阶段，那必须得要很长的时间，所以你就放心大胆地打面吧，面筋没那么容易断。(以上五个揉面阶段摘录编辑自《面包科学》)

以上，是面团搅拌的五大阶段，手套膜通常出现在第四阶段。现在，我想说的是，面团是不是要揉出手套膜，是要根据你所要制作的产品特性来的。

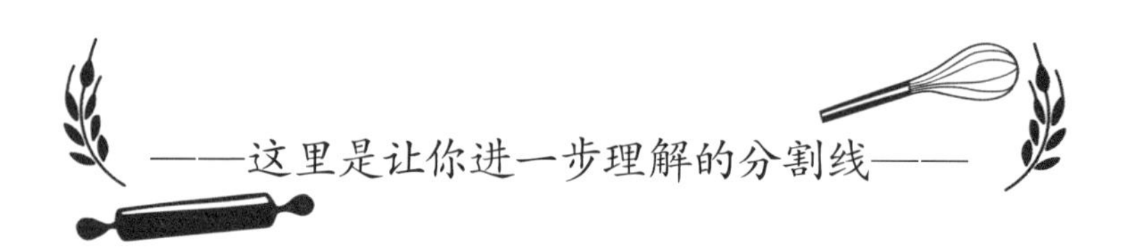

美国知名的美食作家哈罗德·马基在《食物与厨艺》中写到的一段话可能会帮助你理解搅拌和面包气孔之间的关系：

面包和蛋糕充满了空气，其体积占比高达 80%。……烘焙师使用酵母或化学发酵剂让成品充满空气，然而，这种菌种或发酵剂并没有创新出新的气泡；其生成的二氧化碳释入面团后会进入既有的细小空穴，然后撑大气穴体积。这些既有的气穴是空气泡，都是在烘焙师揉捏面团时产生的。

所以，简单地说，搅拌面团就是在为酵母之后产生的二氧化碳制造房间，酵母只是产生气体，而气孔则是通过搅拌制造的。这样一说，就不难理解，为什么法棍面团的搅拌程度和吐司面团的搅拌程度不一样，因为它们需要的气孔不一样啊。吐司的气孔组织和法棍的气孔组织截然不同，气孔的大小和排列其实已经在告诉你，面团究竟该搅拌到何种程度了，当然是吐司面团需要揉面更久了。

下一次再问“是不是要揉出手套膜”的时候，请事先思考一下你想要的成品，估计你自己就可以找到答案啦！

既然，面包需要的气孔不一样，也就意味着搅拌之后的整形所需要的力度和手法不一样。比如说法棍，需要大而不规则的气孔，所以手法必须轻柔；比如说吐司，需要绵密的气孔，所以吐司的排气就需要力度，这也就不难理解为什么很多日式吐司的排气需要用上擀面杖，将气孔里的气排干净，吐司才会有气孔绵密的结构。

所以，面包出炉后的呈现就已经告诉了你它的制作流程了，面包是非常表里如一的食物，样子漂亮的面包一定很好吃。

T65 到底是什么?

经常看我的面包专栏的读者，估计对于配方中的“法式面粉 T65”也有不少疑问吧？怎么这名字跟中国小麦粉不一样啊。的确很不一样，作为欧洲第一农业国，法国面粉有它自己的体系，它跟我们在超市里经常见到的高筋粉、中筋粉和低筋粉不太一样。中国的面粉，光看名字就能猜到，是以面筋强度作为分类标准的，而法国面粉则是以“灰分”来作为分类标准的。

什么是“灰分”呢？竹谷光司在《面包科学（终极版）》中这样写道：“与脂质相同，大多存在于胚芽及麸皮部分。胚乳部分，特别是中央部分的灰分量仅 0.3% 左右，相较于表皮部分的 5.5%~8.0%，约只占其二十一至二十五分之一。灰分量是制作粉类获取率、面粉等级区分，以及面包制作特性之指标。”

法国面粉的分类，便是以灰分的比例为标准的，例如 T45，就是灰分含量占粉的 0.45% 左右，灰分的含量越高，其中的胚芽、麸皮部分含量也越高，面粉的颜色就越深，矿物质含量越多。

从左至右：T55、T65、T150、T170

图片中从左至右分别是：T55、T65、T150、T170。前两种都是小麦粉，小麦粉是麦子脱去麸皮，主要以胚乳部分为主研磨后形成的粉状物。灰分含量接近，颜色也比较接近。T55 比较适合做甜面包，比如说可颂、布里奥、维也纳面包等；T65 的灰分量略高，通俗地说，面的味道会比较重，所以很适合做法棍、乡村面包等需要凸显出小麦风味的面包品种。还有一种研磨率更高、灰分更低的 T45，这里没有拍摄，它更适合作为法式糕点的面粉，比如各种派和蛋糕等。

T150 则是全麦粉，全麦粉是整粒小麦在磨粉时，仅仅经过碾碎，而不需经过除去麸皮程序，是整粒小麦包含了麸皮与胚芽全部磨成的粉。T150 因为由整颗麦子磨成，那颜色就更深了。介于小麦粉和全麦粉之间的还有 T80、T110，这些特殊粉类都有自己的风味，更加适合做一些含有天然酵种成分的法棍和传统面包等，国内家庭使用率不高。

最后一种 T170 是黑麦粉，由黑麦研磨而成，国内朋友很少接触到。

没烤箱，如何加热面包？

当天没有吃掉的面包，正确储藏后，回烤一下就可以恢复比较不错的口感，那么问题就来了——“我家里没有烤箱呀！怎么办？”

没有烤箱没关系的呀，电饭煲你有没有啦？平底锅呢？微波炉呢？文艺一点的你，有没有那种可以直接烧烤的日式烤网呢？如果这些都没有的话，这篇文章就不要继续看了。

好了，让我们言归正传。

电饭煲大法

当电饭煲内锅的温度达到 103℃左右时，电源就会自动断掉，这个知识点你知道吗?

1. 将厨房用纸喷湿后，铺在电饭锅底部;
2. 将解冻后的面包装在盘子里，放入电饭锅中;
3. 按下电饭煲煮饭键，大约 3 分钟后电饭煲会自动断开，那时就能吃了。

这个办法是台湾面包师吴宝春在他的书《吴宝春的面包秘笈》中介绍的，我觉得稍微有点繁琐了，我建议你直接把解冻后的面包放在内锅里，然后按下煮饭键即可。

吴宝春在书里还介绍了一个办法，我觉得很实用:

晚上煮饭时，当饭已经煮熟了，此时把已经在室温里解冻好的面包直接放在米饭上，约 3 分钟左右取出，即可食用。这可是二合一的省电加热大法哦，你的妈妈和阿姨们一定会喜欢的。

平底锅大法

1. 平底锅里啥都不放，直接用大火加热 1 分钟左右，用手掌在锅子上方感受一下是不是挺热了；

2. 挺热的话，关火，把回温过的面包放在锅子里，然后盖上盖子焖一会，2~3 分钟也就可以吃啦。

用这个办法加热面包的话，面包片可以切得稍微薄一些，当然也可以不盖盖子，用小火再继续加热一会，直到你觉得面包可以了为止。

微波炉大法

回温后的面包放在盘子里，表面上要喷点水，然后中高火 10 秒钟，不要超过 15 秒，即可食用。微波炉的制热原理我就不多说了，反正时间略微久一点，你就会吃到一片面包干。

日式烤网大法

用这个烤网加热吐司是非常靠谱的，只要把吐司放在烤网上，直接在煤气上小火加热就好。至于加热多久，你可以目测，吐司表面略微有些上色即可，据说上色速度很快的。其他面包按照此法应该也是可以的吧。

如何品鉴

每一款面包都有其生来的特性，有些讲究酥，有些讲究绵，就像美人一样，有些妩媚，有些英气。了解每个品种的性质，知道各个款式之间的差别，才可以对面包格物致知，也才谈得上“品鉴”二字。

面包为什么不能冷藏?

现如今,有很多人已经习惯了将所有吃不完的食物都放在冰箱里,包括面包。但不是所有的面包都适合放入冰箱冷藏,换句更加准确的话说,其实大部分面包都不该被冷藏。

那么,面包为什么不能冷藏呢?

先从面包的结构说起。小麦面粉中含有两种特殊蛋白质,遇水后形成面筋,面筋包裹着小麦面粉中的淀粉,以及酵母分解糖之后代谢出的二氧化碳、酒精和一些复杂物质,经过烘烤,酒精挥发,淀粉变熟,产生了各种香喷喷的味道,面包就做成了。

有一样中国人很熟悉的食物能够方便你理解面包的结构,那就是面筋。中国人真是很有创造力,以面包为主食的西方人都想不到竟然有人光吃面筋。看到了蜂窝状的面筋,大概你就比较能够想象到面包的结构了。还有一样东西也很能说明面包的结构,那就是海绵——中间的孔孔洞洞,可以让空气通过。孔洞的不同大小、不同排列和不同材质造就了不同面包的质地，这也就很好理解，为什么面包需要被密封保存。

你可以想象一块湿润的海绵是如何在流动的空气中变干的，这个过程就跟面包不密封放在空气中的过程差不多。而冰箱中的循环冷空气更能使食物变干，更不用说海绵状的面包了。那么，是不是将面包密封放在冰箱冷藏中就会避免面包变干？当然不是，冷藏中的循环空气仅是面包老化的原因之一，另一个重要的原因是：低温。

所谓的面包老化具体来说就是面包内部逐渐变得干硬的过程，哈罗德·马基在其著作《食物与厨艺》中写到：根据一项实验，面包在 7℃的冷藏室中摆放 1 天，其老化程度相当于在 30℃的空气中摆放 6 天。

所以，吃不完的面包千万不要冷藏保存！只有一种情况例外，那就是你买了带馅料的面包，这馅料易在夏天的室温中腐坏，那只有两害相权取其轻地牺牲面包坯的质感了。对待面包的最佳方式，在我看来，就是尽快把它装进肚子里。

面包从一出炉就开始了自己的老化过程。1852 年，法国人 Jean-Baptiste Boussingault 就做过一项关于面包老化的研究，他的研究结果有两点：
一、就算在完全密封的情况下，面包还是会老化。
二、当面包重新加热到 60℃就可以逆转老化现象。

所以，只要面包还没有那么老，或者没有经过冷藏，我们就可以回烤一下，叮叮，让面包恢复刚出炉时的神采。

我知道很多人有傍晚买面包次日当早饭的习惯，不可能像法国人一样当天就把面包吃完。那么，我的建议是：

1. 如果是可颂一类的酥皮面包，那么晚上就直接密封冷冻，次日拿出来用解冻模式回烤，没有解冻模式的烤箱，就提前半小时取出，放室温中回温后再烤。

2. 如果是没有馅的甜面包，那就室温密封，第二天回烤一下。如果有馅，是容易坏的，只好严格密封冷藏了，第二天回烤一下。

3. 如果买回来的是法棍、乡村面包之类的主食面包，估摸着第二天、第三天也吃不完的，那就切片冷冻，冷冻可以保存一个月左右。想吃多少取出多少，解冻回烤。如果把一整只给冻了，那就提前放在室温解冻，1~2 个小时后略微回烤。大型面包要冷冻保存的话，切成小片是比较方便的做法。

回烤的温度大约为 150℃ ~160℃左右，时间 3 到 5 分钟不等，还是依据各家烤箱的脾气来调节为宜。如果愿意多做一步的话，回烤前在面包表面喷一些水，效果会更好。希望你每天都能吃到美味的面包。

刚出炉的面包是最好吃的吗?

中国人自古有吃热食的习惯，有些爆炒菜式更是讲究一个热腾腾的镬气，恨不得一出锅就开吃。但是对待面包，千万不能这样，刚出炉的面包一定要放凉了才能吃!

有很多人认为面包出炉后，全部制作流程就已完成，其实不然，出炉后的“冷却”也是很重要的，因为它是烘焙的延续。

从面包的角度来说，当我们从烤箱里取出面包时，它的内部温度大约在 82°C 左右，甚至更高。面包内部的淀粉虽然已经吸收了足够的水分，但它仍然还在变硬的过程中。如果我们在面包还很烫时就切开它或掰开它，就会阻碍淀粉进一步变硬这个过程，面包内部就会因此而变得很软很湿。换句简单的话说，虽然面包已经离开烤箱，但它的内部还在继续变熟，如果切开刚出炉的面包，那么它的内部就不会完全熟透。

从食客的角度来说，首先，为了自己的口腔健康，当然是不能吃太烫的食物；其次，日本人的研究指出，人的舌头在 45° C 时对味道是最敏感的，能够更好地品尝食物。所以再怎么心急，起码也要等到面包逐渐降温到温热时才开始品尝它。

著名的面包烘焙书《学徒面包师》上说："大多数面包的最佳食用时间是在面包内部冷却到 27° C 左右的时候，只有到了这个温度，残留的热量才不会掩盖味道。"这样一来，才能真正品尝到面包细微的味道变化。

再来说说一些面包的最佳赏味期吧。

毋庸置疑，酥皮类的面包如可颂、花式可颂、各色丹麦面包等，离生产时间越近越是好吃，这样酥皮才会酥。可颂尽可能当天吃完，在上海这样潮湿的环境里，第二天的可颂一定就是软趴趴的了。这时，最好用烤箱给它回炉一下。

还有著名的法棍，最好在出炉 4 个小时内食用，这样才能尝到它外皮的那种脆而有韧劲的质感。有人问世界面包大赛主席、法国著名面包大师 M.O.F Christian Vabret 关于"法棍如何保存"的问题，他的回答很有意思："我们从来不保存法棍，法棍都是现买现吃。"这就是法国人对法棍的理解。

鸡蛋、黄油和牛奶都有延缓面团衰老的作用，所以一般加入了这三种材料的甜面包有比较长的赏味期，比如吐司啦、维也纳面包啦、布里奥啦，室温条件下密封起来的话，可以存放两三天没有问题。有一件事还需要叮嘱一下，面包千万不要放冷藏！不要放冷藏！不要放冷藏！（重要的事说三遍）冷藏会令面包迅速老化的，如果实在吃不掉，请密封冷冻起来，两个月内吃完。

有几款特殊的节日面包，比如说来自德国的史多伦（Stollen）、来自意大利的潘妮托妮（Panettone），都是传统的圣诞节浓郁型面包。它们含有大量牛奶、黄油和鸡蛋，面团中还加入了几种水果干或坚果，还有一些香料，味道很浓郁，可以放上几天乃至两周的时间，通常放上几天后会更好吃。

最后介绍一款非常著名的面包，普瓦拉纳（Poilâne）面包，同名面包店被誉为“全世界最好的面包房”。这种以 P 字母作为割包图案的大面包，每只重达 2 千克，以天然酵种发酵、柴火烘烤，可以存放一周，能以物流配送至全球范围，据说它出炉后的第三天是最好吃的。

可颂为什么这么酥？

如果要选中国人最喜欢的面包，我觉得可颂（Croissant）绝对可以入选前三名。好吃的可颂有着迷人的黄油香气，表面略微有些焦脆感，又脆又酥，吃到中间部分则是有些湿润的，口感很有层次，难怪一直被奉为经典。

我们常见的可颂造型有弯角和直角两种，过去有说法是弯角可颂用的是植物黄油，直角可颂用的是动物黄油，现在已没有这种习惯。现在制作弯角可颂的店家往往是为了向食客表示：我这只可颂是手工卷的。

可颂的表皮之所以如此酥脆，和它的制作工艺是分不开的，这个特殊的工艺叫做“开酥”。在具体说明开酥之前，我先来跟大家说一下什么是“酥皮”。

哈罗德·马基在《食物与厨艺》中如此描述酥皮：

酥皮面团展现的是小麦面粉那种碎裂、不连续、微粒般的属性。我们使用适量的水，以面粉调出黏稠的面团，接着加入大量油脂来涂敷表面，让面粉微粒和其他部分区隔开来。加热烘烤后，一半以下的脱水淀粉便会糊化，制出一块块干燥面块，入口随即崩解或散开，释放出脂肪所提供的润滑与浓郁口感。

此段文字中描述的酥皮是可颂酥皮的前身。这些早期的酥皮并不是单独食用的，通常是拿来填装馅料的，咸的有法式咸派、蔬菜塔等，甜的有水果派，还可以做成封口的外皮，比如咖喱角等。

之后,千层酥皮(Mille-feuille)诞生,这款酥皮由 728 层脂肪区隔开,含有 729 层面皮,每一层都极薄,只有 0.01 毫米,相当于单一淀粉粒的直径。两块烤好后叠在一起,中间夹入鲜奶油,就是我们今天常吃的“拿破仑千层酥”。

到了 1920 年代,巴黎烘焙师灵机一动,才想出用千层面团来制作法式牛角面包,于是酥皮和面包的合体诞生了。在这之前,维也纳地区有过一款牛角造型的面包,是以发酵面包加入油脂而制成,曾经在 1889 年的世界博览会上引起轰动,但那并不是现在的可颂。值得一提的是,Croissant 这个法文单词是“新月”的意思,指的是面包的造型,“可颂”是它的音译,所以把可颂叫为新月包、牛角包也是可以的。

好了,现在我们可以来说说“开酥”了。“开酥”指的就是在面皮上敷上油脂,然后擀开再折叠起来,之后再向另一个方向擀开再折叠起来的过程,通常会有二三个回合,其间还要经过冷藏,最后才能形成一张千层面皮,然后切成三角形,卷起成为可颂。

可颂进入烤箱后,面皮经过发酵后形成的气孔会张开,面皮之间的黄油会融化。你可以想象一下这个过程,有些地方膨开,有些地方合并,于是便形成了最终的蜂窝状侧切面。

开酥成功的可颂,加上合适的烘烤,才能形成这样的蜂巢状侧切面。也因为每一层面皮都非常薄，所以靠外的面皮在高温烘烤下会形成酥脆的口感，而里层的面皮吸收了一部分黄油而变得湿润，可颂才会如此美味。

法棍为什么是棍子形的?

不知道各位在吃法棍的时候有没有想过这个问题? 法棍（Baguette）为什么是棍子形的? 难道它以前不是棍子形的吗? ! 恭喜你，说对啦!

笔者查过资料，在 17 世纪左右的面包师肖像画中，面包都是圆形的大块头，买一个回家全家吃一周。

其实，制作“法棍”的面团古已有之。面粉、水、酵母、盐，这四大基本材料组成的是最基础，也是最简单的面团，如果减去四样材料中的一样，那面团就不可能成立，所以我们可以推测出，这肯定是一款最古老的面团。

只是，这款面团过去是圆形的，法文叫 Miche，每只大约重 2 千克吧，最大的特点是可以持久保存，这在过去面包房不常见的时代，真的是一项重要美德。

到了 18 世纪，面包房开始多了起来，尤其是在巴黎这个现代化都市，人们开始渐渐有条件每天购买新鲜面包了。这时的面包工坊绘画中就出现了略微有点长的面包。于是，食客们也越来越倾向于购买有脆香口感的新鲜面包。拜托，如果每天都能买到新鲜面包，谁家还会买一个面包吃上一周呢?

长条形的面包相比圆形的面包来说，面包皮更多，面包心更少，所以吃起来更香脆可口——诸位，此时离法棍正式诞生还有 100 多年，但是快啦。1778 年就有文献记载，在巴黎，大家都不买大圆面包了，街头巷尾多数见到的都是长条形面包。与此同时，单只面包的分量也在逐渐下降。19 世纪前后，长条形的面包已经非常普及了，但是它的分量相比现在的面包还是很大的，根据记载是 1.5 千克左右。

当然，长条形的面包并不仅仅是食客需求就能有的，它还仰赖于面包师傅本身技术的提升。同样是面粉、水、酵母和盐这四样混合在一起的基础配方，长条形的面团需要具有更强的延展性，也就是说面团的水分含量必须提高。将 350 克面团搓成细长而又均匀的棍子形，想一想就比滚成圆形要难得多了。

19 世纪，先进耐火砖厚底板烤炉从维也纳流传到巴黎，这种炉子能使长条形面包的内部通过高温加蒸汽烤得又轻又有空气感。这种全身都是皮的长棍面包真的是越来越好吃了，面包心轻盈，外皮香脆——当时就有美食指南指出，周末早餐时来一根棍子面包就已是美味一餐了。还有不少店家为了追求它的表皮面积更多，甚至将它的造型做得更细，长达 80 厘米。

1920 年，政府出台的一项规定加速了“法棍”的诞生，那就是为了保障面包师的休息时间，不允许面包师在晚上 10 点至凌晨 4 点之间工作。可是，面包还是要在早晨售卖的呀，于是面包师们就把 [illegible] 长条形的，这样一来，面团就会发酵得更快。

1921 年 8 月 22 日，Baguette（法文原意“棍子”）这个词正式出现在巴黎的面包价格表上，重 300 克，“法棍”才真正诞生啦！ 1935 年，有位叫 Dufour 的面包师说当时的法棍标准是重 300 克，长 80 厘米。现如今，法棍的标准是重 250~300 克，长 55~65 厘米。

法棍虽然好吃，但表皮很容易回软，所以趁着刚出炉买回家得赶紧吃呐，出炉后的 30~240 分钟内最好吃。

食客的需求、面包师技艺的提升，再加上越来越快速的都市生活节奏和更先进的设备，才有了如今的“法棍”，所以也不难理解，为什么当年的巴黎人都以吃法棍为时髦了。法棍可以说是真正诞生在巴黎的现代面包，之后也逐渐被世界各国人民所接受和喜爱。

1994 年开始，巴黎人搞起了法棍比赛，法国也有了国家级的法棍比赛。法棍，以四种材料为主的基础面团，更加考验面包师对每一个步骤，尤其是对发酵的把握和理解，所以法棍做得好不好，绝对可以看出一位面包师的基本功是不是扎实。

2017 年法国法棍比赛上，34 岁的日本姑娘 Mei Narusawa 获得了冠军，这是第一位女性、外国籍冠军。巴黎的法棍现在已经是全世界的法棍了。

什么样的法棍是好法棍?

有读者给我留言：如何判断面包的好坏？这可是一个很复杂的问题呢！因为每一种面包都有自己的一套鉴别标准，吐司该有吐司的模样，可颂该有可颂的质地，而且法式面包和日式面包又各自有自己的系统，更别说还有德国面包、美国面包等等了。一言以蔽之，如何判断面包的好坏，嗯，这个话题很复杂。

不过，我可以跟你们聊一下“什么样的法棍是好法棍”这个话题，希望通过对法棍这个经典单品的分析，能够举一反三，有助于你们判别面包的好坏。

法棍是最经典的法国面包，由面粉、水、盐、酵母这四大原料组成。为了保护自己的法棍文化，法国出台过不少关于传统面包的法案，比如在 1993 年出台的关于传统面包的法案，规定了传统面包的主要原料，用传统面粉制作的法棍才可以叫做“传统法棍”。

如何定义高品质的法国面包，法国烘焙界的风云人物 Raymond Calvel 说过这样一段话：

好面包（亦即品质优良的面包）…… 的面包心应呈乳白色。有正确乳白色的面包心，表示拌和面团时没有氧化过头，而且会散发出小麦面粉经过微妙混合后，会产生的独特香气和滋味（小麦胚芽油的气味，加上胚芽的淡雅榛果香气）。所有这些成分，加上面团发酵后生成酒精所带来的迷人香气，以及焦糖化作用和面包皮烘焙发出的几种素雅香气 …… 法国面包的内在结构须相互连通，四处散见大型气穴。气穴壁面应该很薄，看起来略带珍珠光泽。这种独特构造（受到面团熟成度、塑成整条面包的作法等因素的影响），都是造就法国面包质地、风味、口感的根本要素。

——《面包的滋味》（*The Taste of Bread*）

Raymond Calvel 在法国从事面包的研究、教学，不仅是面包师，还是科学家，对面包品质的认识和改良做出过很杰出的贡献。简单地说，他是法国面包师“祖师爷的祖师爷”，现在几乎每个面包师都会使用的浸泡法就是他的研究成果。

总结一下“祖师爷”这段话的要点，首先他指的法国面包是以法棍为代表的一系列面包，被法国人称为“普通面包”（Pain Ordinaire）。这类面包，尤其是法棍的标准是：

1. 面包心呈乳白色，也就是说有些微微泛黄；
2. 不规则的气孔。

一条法棍要做到以上两点是不容易的，首先，面粉要好；其次，搅拌方式要对头，不能过度搅拌，过度搅拌会令面包心发白，且流失风味和营养；然后整形手法要掌握好，否则气孔会在整形过程中被压扁；当然，发酵也要得当。总而言之，需要每一个步骤都做对才能有一根标准的法棍出品。

如果想吃到比较不错的面包，还有一个诀窍，你可以观察一下，眼前的这间面包店是不是前店后厂的现做面包店。伸头探探厨房里，看看有没有放着一到两台搅拌机。面包店现做现烤面包意味着制作环节少，没有冷冻运输等环节，可以尽可能减少添加不必要的添加剂。

在法国，对面包房的命名有着很严格的规定，只有前店后厂的手工作坊才能冠以“Boulangrie”这个名称。像之前开进上海的百年老店 Paul 都没法管自己叫这个名字，据说是因为它们的制作流程里有冷冻环节，不能达到 Boulangrie 的标准。

隔夜法棍怎么吃?

看到面包班的同学如此有感而发:新鲜出炉的法棍实在太好吃了,然而几个小时之后它的口感就会变得像石头一样。法棍是一种典型的城市面包,现代化的快速生活创造了它。

随买随吃是对待法棍的最佳方式,然而,我们毕竟不是生活在法国,不可能随时买到新鲜的法棍,同时也不是天天拿法棍当米饭那样吃。所以,每一次买法棍时我的脑海里都会事先思考一下:隔夜的法棍要怎么打发呢?询问了一下周围的主妇朋友,大家都有这样的困惑,于是就有了这篇文章。

让我们先来“吃”一下新鲜出炉的法棍吧!

刚出炉的法棍,外脆内软,麦香味十足,法国人通常下班时夹一根新出炉的法棍在腋下,一边走路一边已经开始掰它的“滴滴头”来吃了。要注意的是,为了让法棍更好地透气,讲究的面包房都是用

纸袋来装，这样它表面的脆度可以保持更长时间，如果是塑料袋装的，难免会让整个法棍很快回软。

法国人吃法棍不用刀切，而是用手掰的，可以让面包块表面积更大，更方便在吃饭时“舔盘”，用面包块“舔盘”在国外是对厨师的一种赞赏。大夏天不想做饭的时候，也可以学习一下法国人吃法棍当主食。新鲜法棍蘸点油醋汁、油蒜汁，也是一大美味。爱蘸什么你自己决定，蘸老干妈也未尝不可，蘸奶酪也会无与伦比，前提是你是个奶酪爱好者。

因为我们常把面包当做点心，而不是配菜的主食，所以国内的面包房里常见的是各种花式法棍，比如说明太子法棍、蒜香法棍等，如果真是懒得连蘸料也不想弄，那就买根花式法棍直接啃吧。明太子法棍是日式法国面包的杰出代表。法棍出炉冷却后，中间划开一刀填上明太子酱，表面上也涂上明太子酱后，再回烤 2 分钟即可。

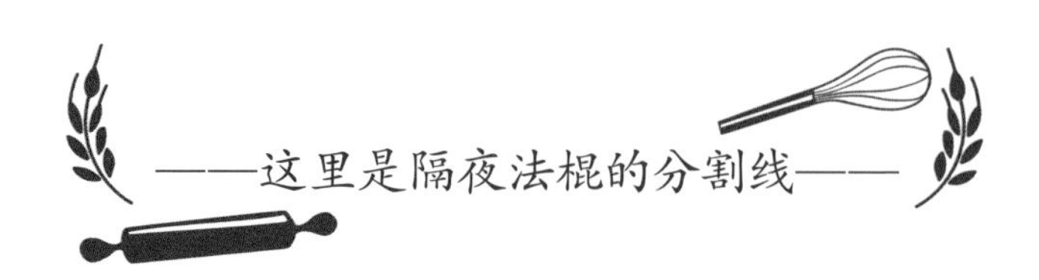

现在让我们来好好“吃”一下隔夜法棍。仔细研究一下，隔夜法棍的吃法真的是五花八门啊，总有一款适合你。

最华丽的一种，切半回烤后，加入喜欢的酱汁和食材，做成法棍三明治。这个适合非常勤快的主妇，以及牙口比较好的人。

法棍披萨。将法棍一切二，然后在表面撒上自己喜欢的食材，加点芝士、黑胡椒之类的，再用烤箱略微回烤一下即可。这是我个人很喜欢的吃法，吃起来方便——嘴巴不用张得很大，料也比较足。

法棍切成薄片，在牛奶和鸡蛋混合而成的蛋液里浸一会，然后放在平底锅上两面煎香。对啦，就像法式吐司的做法一样。爱吃甜的，可以加点枫糖或蜂蜜，爱吃咸的也可以撒上盐和胡椒粉。

做成 Tapas（西班牙小吃）。法棍切片后略微回烤，表面放上自己喜欢的食材，爱吃啥就放啥，朴素的、奢华的都可以，还可以搭配各种水果、奶油、酸奶等。

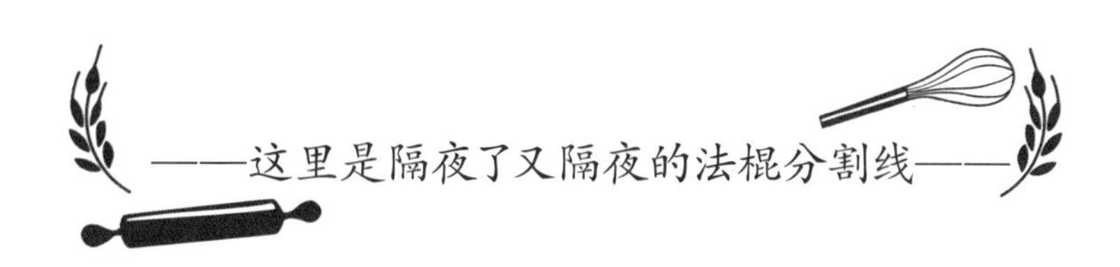

当法棍隔夜了又隔夜之后，就算是在上海这种比较潮湿的地方，它也已经很硬了，这个时候你也不要放弃它，还有几种方式可以利用它。

1. 把面包切成面包丁，放在色拉上，或者做成面包布丁。

2. 用粉碎机把它打碎成面包糠，用来做菜——面包的终极去处。

最后以一段《食物与厨艺》中关于“老化面包”的文字作结尾，希望给你带去更多处理隔夜法棍的灵感——

厨师早就知道，老化面包本身是非常有用的食材。老化面包比新鲜面包更耐处理，摆进含水的菜肴中也能保持海绵状结构（若放新鲜面包就会解体），这类菜肴包括面包沙拉、面包布丁和法国吐司。相同道理，老化面包心渗水湿润仍能保持原样，可当成一种柔软的黏着剂，用来调制食品填料和无糖卡仕达奶油馅，若碾成面包粉还可以用来裹油炸物。

Focaccia，中文通常翻译成“佛卡夏” “佛卡恰”，是意大利的一款经典面包。看起来跟披萨有点像，都由面包底和表面的各种食材组成，但它们的侧重点有所不同——Focaccia 的重点在于面包底，披萨的则在于表面的食材。

佛卡夏

先来解释一下这个词语，Focaccia 这个词起源于拉丁语 Focus，意思为“中央”，又指“火炉”——在过去的很长一段时间内，火炉往往是建在住宅中央的，那时的面包就放在中央的火炉中烘烤。

从名称的由来以及 Focaccia 的原料组成（只有面粉、盐、水、橄榄油和酵母），我们可以判断，Focaccia 应该是一种很古老的面包了。除了名字和组成材料之外，它那淳朴的造型也能传达出它的年龄来，当时创作出佛卡夏的面包师们应该还没有太多关于面团的整形技巧，用来整形和排气的工具就是双手，质朴而直接。

最初的佛卡夏配方被认为起源于意大利中西部古国伊特鲁里亚或古希腊，现在呢，意大利、法国等地都可以见到不同版本的佛卡夏，尤其是在意大利利古里亚大区。

佛卡夏有很多造型，一大盘厚底的是我们常常能够在面包房里见到的，卖的时候切成一小块一小块的。还有一种夹心状的，里面放入喜欢的馅料，一般会有奶酪、火腿和各式香草，这种造型是意大利热那亚地区发明的，所以又被当地人叫做 Fugassa，上海面包房里也有卖的，中文通常叫做“福加斯”，其实跟佛卡夏的面团是同一种。

佛卡夏表面的食材当然也是多种多样的，最简单的就撒点海盐，复杂点的放点蔬菜干，比如番茄干、辣椒干等，再放点肉、鱼和奶酪等，可以说是丰富多彩，非常随性的。佛卡夏也可以一切为二，做成三明治，吃法真的是多种多样。这也是我自己喜欢佛卡夏的原因之一。

佛卡夏可能是披萨的前身，但披萨究竟是不是从佛卡夏而来，这一点没有定论，不过佛卡夏的历史久于披萨这一点是确切无疑的。两者的面团配方会比较相似，基本上都是由面粉、盐、酵母、水和橄榄油组成，但佛卡夏面团的水分含量会较高。也有面包师会在面团中加入土豆粉、玉米粉之类的其他配料，当然，你想加点香草也未尝不可。

佛卡夏面团的原料组成比较简单，所以我们可以想象，它的风味大部分来自面粉本身和橄榄油，橄榄油和水的用量决定了面包组织的柔软湿润度，当然你也可以联想到，品质越好的橄榄油做出来的佛卡夏越香。

最后我想说的是——其实佛卡夏做起来很简单！如果你不会揉面，家里也没有搅拌机，却又想做点面包，那么佛卡夏就很适合你。佛卡夏可以用“浸泡＋折叠＋冷藏发酵”的“不揉面的方法”来制作。怎么样？想学的话，在本书的后半部分就有用“不揉面的方法”制作佛卡夏的配方。

为什么说恰巴塔的气孔越大越多越好?

一直很喜欢意大利的 Ciabatta，无论是当做餐前面包，还是作为三明治，都很适合，吃法众多。Ciabatta 的中文音译是“恰巴塔”，真正的意思是“拖鞋”，所以也有人把它叫做“拖鞋面包”。

听起来很有意思，面包怎么会跟拖鞋联系在一起呢?！主要是因为它的造型，四四方方不太规则，中间又有点凸起来，这个名字是 1982 年由意大利维罗纳的面包师 Francesco Favaron 取的，取名字的原因是这面包长得跟他太太的拖鞋有点像。当年，就是这位面包师设计了这个造型并命名，我不太相信是他“发明”了 Ciabatta，因为只有五种材料的 Ciabatta 面团太过基础，我相信大部分面包师早就会做这种面团了，只是不是这个造型罢了。

这位面包师 Favaron 为什么想要设计一款拖鞋一样的面包呢? 主要是因为当时法国人最喜欢的法棍开始在意大利流行起来，法棍三明治在意大利非常受欢迎，这当然影响到了本地面包师的生计，所以本地面包师们就拍拍脑袋发明了一款可以做成三明治的意大利面包。Ciabatta 的形状较法棍来说更为扁平，面包坯中的气孔也更多，能吸收更多的酱汁，因为是用来做三明治的，所以面包心的孔务必要多，务必要大。可以说 Ciabatta 是一款为做三明治而生的面包，用它做成的三明治也有一个很艺术的名字，叫做 Panini，“帕尼尼三明治”，你不会没吃过。

Ciabatta 为什么会孔大孔多？因为含水量多！

如果你仔细观察 Ciabatta 面包，你会觉得它略微有点丑，每一个看起来都不太规则，侧边也不是很直，面包师之所以把 Ciabatta 的形状整成这样，是因为——它的确很难整形，水分含量太高了！Ciabatta 面团的含水量基本上在 70%~80%，如果你稍有处理面团的经验就会明白，含水量这样高的面团软得跟豆腐一样。

普通法棍的面团含水量为 65%，甜面团的含水量还要再低点，所以说 Ciabatta 面团的触感真的很软，大力触碰或整形就会把面团弄碎。所以，含水量极高的 Ciabatta 是切出来的——将整款面团倒出发酵盒后平铺在台面上，将四边折叠至中间，略微整理成一个大大的长方形，然后用切面刀一块一块切下来，基本这就是最后的造型了。

但是，古话有云：艺高人胆大。对于高手来说，80% 含水量的面团也还是可以整形的。首先，面团可以用冷藏发酵的方式进行第一次发酵，次日取出的面团因为温度低，所以相对来说“硬”一点，这个时候切分、整形都比较方便；其次，整形的手法当然是要熟练，还有快！

变化多端的 Ciabatta

法国面包师常常把Ciabatta称为“加了橄榄油的法棍”,的确如此,Ciabatta 面团的组成材料通常只有五样——面粉、水、橄榄油、酵母和盐，仅仅比法棍多了一种橄榄油，可能因为意大利本国就盛产橄榄油。

一千个面包师心中就有一千种 Ciabatta 的模样，这一款五种材料的面团本身就有许多变化。在意大利本土，就有很多造型，比如长条形啦、圆形啦，等等，当然发展到各地，就会加入其他副材料啦，比如意大利最常见的橄榄恰巴塔、香料恰巴塔等等，还可以加入牛奶，变成牛奶恰巴塔。我自己的食谱中有一款加入了台湾人做卤肉饭用的红葱头，变身为“红葱头恰巴塔”，无论是单吃，还是做成三明治，都是非常可口的，本书的后半部分就有这款面包的做法介绍。

你喜欢哪一种吐司?

说到“吐司”这个词，你的脑海里会浮现出什么形象呢?

是一长条四四方方的面包? 还是一片片的吐司片? 其实吐司的英文“Toast”指的并不是这一长条吐司，也不是一片片吐司片，而是“烘烤过的面包切片”，如果你在维基百科上搜索，就会出现这一条。也许是大家比较喜欢将这种以长条形烤模带盖或不带盖烤的方形面包切片烘烤成 Toast 来吃，渐渐地，我们就将它们叫成吐司了——其实，它们用的模具虽然差不多，但在每个国家都有自己的名字。

在英国，吐司叫做 English Bread，常被翻译成“英国吐司”或者“英国白面包”，源自哥伦布发现新大陆时代，是为开拓者量身打造的方便保存及分食的餐包，三明治就是从它开始的。通常是不加盖烤制的山丘形，比较短、胖。

在法国，吐司叫做 Pain de mie，除了被翻译成“法式吐司”外，又叫做“法国白面包”，20 世纪初源自英国吐司。松下面包机里有一个食谱叫做“庞多米面包”，其实指的就是“法式吐司”。法式吐司的造型加盖不加盖都可以。

在美国，就直白地叫 White Bread，而且是加盖烤的，被认为是最正统的方形面包，当然也是当地的餐包始祖。

到了日本，加盖的四角形吐司叫做“角食”，因为类似于美国 Pullman 公司生产的火车车厢，所以又被叫做“普曼面包”。不加盖烤制的山丘形造型，就被叫做“山形面包”。吐司是日本人很喜欢的面包，曾长年排在销售榜第一位，所以在日本能见到很多吐司专门店，日本烘焙界也出过专门讲述吐司制作的图书。

香港人管吐司叫“方包”，嗯，一听就知道他们喜欢吃加盖烤制的，表面加上各种料之后放在油锅里煎一煎，有个你熟悉的名字，叫做“西多士”。

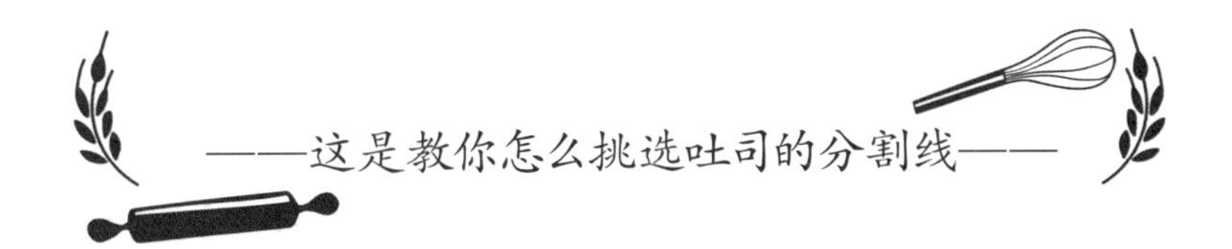

好了，现在就来说一下吐司面包加盖和不加盖烘烤会产生的口感差别，也就是“角形”和“山形”之间的差别。

山形吐司——因为烘烤时没有加盖，面团就有了向上膨胀的空间，顶部于是就成为山形，同时，往上升的顶部着色就会比较深，表皮也会比较酥脆。内部的组织呢，也是因为有了向上的空间，所以就会比较蓬松，气孔分布比较不均匀，水分会比角形吐司来得少。山形吐司切片后回烤一下，就会有酥中带软的口感。

角形吐司——因为烘烤时加了盖子，面团有一种被焖蒸过的效果，顶部被压得比较平整，表面不直接接触热源，烤色也会比较淡。内部组织没有多余的膨胀空间，所以气孔较为紧密，口感较为扎实，水分也比较多，比较柔软湿润，很适合切片后直接享用。

我的面包课老师说过："吃法棍主要吃的是面包皮，吃吐司主要吃的是面包心。"这句话既道出了法棍的标准，也说明了吐司的标准——好的吐司相对来说面包心气孔细致均匀，面包皮较薄。

就算同样是加盖的四角形吐司，它们之间也还是有点差别的。有一些是将整个面团直接卷起来的四角形吐司，有一些则是将面团切分后以交叉的形式排列在一起的 U 字形（每一块面团都是从上往下的 U 字形）；还有一种，按照山形来整形，也可以加盖烤成为平的。

问题来了，那么这三种加盖烤的整形手法，哪一个口感会更扎实呢？聪明如你，稍微开动一下脑筋就知道啦，一定是一整块面团做成角形最松软，U 字形最紧实了。仔细观察烘烤后一整条吐司的纹路走向，你就可以知道，眼前的吐司是如何整形的了，有助于你根据自己的口感喜好来挑选产品。

最后来说一下好吐司的几个标准：

1. 看一下切面，发酵好的吐司切面气孔细致均匀，尤其是角形吐司。

2. 观察切面是否光滑，如果有掉屑的情况那就说明用的面粉不是太好，或者是有添加剂之类的。

3. 按一下吐司，如果按下去会弹回来或者拉扯有弹性，表示制作完美。

4. 如果购买的是角形吐司，观察一下八个角是否为直角，皆为直角表示面团膨胀满模，发酵完美。发酵完美的角形吐司，顶部的四条边会有白线，这是因为烤模加盖后顶部的四个角等于有两层外壳隔绝高温，所以会比较白。

5. 最后再看看外皮是否薄细且烤色均匀，角形吐司外皮应该薄细，山形吐司的顶部表皮则会略微厚一些，比较酥脆。

法式乡村

什么样的面包能被叫做“法式乡村面包”？

要说欧洲人最喜欢的面包主食，乡村面包无疑是排名第一的。这类面包，每个地区每个乡村都有自己的配方，比如说德国人喜欢在其中加入黑麦，法国人会加入全麦或黑麦，也许还有地方会加入荞麦粉，最后的造型更是多种多样，这些特点与它的诞生环境有着密不可分的关系。

法式乡村面包的法文叫做“Pain de Campagne”，Campagne这个单词就是法文“乡村”的意思。在很久远的过去，法国人并不是家家户户都有烤箱，也许每一个村落只有一个公共烤炉，大概连面包房也还没有。法式乡村面包就是在这样的时代诞生的。

我们可以想象一下，在这样的生活环境中，家庭主妇会用天然酵母或者老面每周制作一两个超大的面团，每只大约都有两三斤重，然后呢，带去公共烤炉烘烤。为了方便辨认出自家的面包，往往

会想办法在面团上做各种各样的花纹和记号。这样的面包一般来说可以供一家人吃上一周，到了下一次公共烤炉开放的时候再带新的面团去烘烤，所以过去的法国乡村家家户户大概都会备有一坨老面用来制作面包吧。正因为是从村庄诞生的，乡村面包的面团中往往还混有小麦粉之外的面粉，比如说黑麦粉、全麦粉等等，种类也许是村民自己种植的作物。要知道，在过去，精白小麦粉可是只有贵族才吃得起的，一般的平民百姓哪吃得起精白小麦粉，吃的都是混有麦麸的粗制小麦粉啊，为了节省小麦粉，还得在其中混入 5%~10% 的其他粉类。

所以，一般来说能被称为“Pain de Campagne”的面包都要符合以下几个条件：

首先，这类面包不是百分百小麦粉制成的，通常会加入点全麦粉或黑麦粉。

第二，在面团中会加入天然酵母或者发酵面团。如果你没有天然酵母的话，可以提前制作发酵面团来做乡村面包。

第三，乡村面包的表皮通常比较厚，为的是能让面包保存时间更长，面包心更有特殊面包的风味，所以在制作时要避免过度搅拌，要将谷物的味道充分地留在面团中。

第四，表面常常撒有面粉，通常会有各种花样。比较常见的造型有圆环形、波尔多花环形、烟草盒子形，还有各种辫子形。

一开始学习制作法式面包时，我特别不待见乡村面包，觉得它很笨重，个头那么大，得吃多久才能吃完，名字里又有“乡村”二字，感觉真是土得掉渣了，但是随着深入学习，我逐渐开始欣赏起乡村面包的特殊风味了。乡村面包因为加入了其他粉类，再加入老面或天然酵母，有很丰富的麦香味，且略带酸味，特别适合搭配肉类、汤类，做成开放式三明治也很好吃，可以说其风味一点不会输给时髦的法棍。

我还注意到一点，法国面包师制作出的乡村面包颜色会比较深，比国内面包房的出品会深很多，对他们来说，面包的表面呈现出褐色才是最棒的。

“富人版”布里奥吃起来是一种什么感觉?

冬天的时候在家里做布里奥类的面包比较多，天寒地冻，闻到布里奥的黄油香气就忍不住想吃。

布里奥，法文 Brioche，也有中文翻译成“布里欧修”的，它最大的特点是——含有大量砂糖、大量鸡蛋和大量黄油。其中，黄油的比例至少超过 20%，这 20% 不是指整个面团的 20%，而是面粉量的 20%，也就是说 100 克面粉含有 20 克黄油。（附带一句，但凡

布里奥

你看到面包配方是以比例来标示的，这比例都是以 100 克面粉为基准。这样说明一下，你就会读配方了吧？）

布里奥一直都是浓郁型面包的评判标准，当我们要做高糖高油型面团的时候，都会拿它跟布里奥面团进行比较，从而修正面包的制作流程。像意大利的黄金面包（Italian Pandoro）、著名的潘妮托妮（Panettone）、法国阿尔萨斯那边的咕咕洛夫（Kugelhopf）等等，这些浓郁型的节日面包的面团都跟布里奥有些相似，操作手法也可以彼此借鉴。

关于布里奥，有个很著名的故事，就是那位被砍头的玛丽·安托瓦内特王后，当有人告诉她不幸子民受到饥饿的折磨时，她说："让他们吃布里奥吧！"很多人听说过的版本是 "让他们去吃蛋糕吧"，其实她的原意指的是高油高糖高蛋的布里奥。穷人连面包都吃不上了，她还叫人家去吃布里奥，当然引来了杀身之祸。

据说在法国革命之前，布里奥是有两个版本的，一种为富人准备的，富含 70% 甚至以上的黄油；另一种为穷人准备的，只有 20%~25% 的黄油，黄油含量介于中间的布里奥，一般来说被叫做“中产阶级布里奥”。

布里奥的黄油含量越高，口感就会越滑，因为富含鸡蛋，又会非常蓬松，50% 黄油含量的布里奥吃起来蓬松柔软很像蛋糕。我自己做过 60% 黄油含量的，简直媲美蛋糕啊。不过，一般来说，在外头面包房里是很难买到 50% 黄油含量以上的布里奥的，不为别的，成本太高了，大概 20%~30% 黄油含量是最常见的。

“富人版”布里奥的面粉、黄油和砂糖比例跟派很接近，所以它也可以华丽变身为美味的软派，法国人用它来搭配鹅肝，也是不难想象的。

如果我自己开面包店，一定把布里奥的烘烤时间安排在饭点，那种黄油的香气噢，可以弥漫一整条街啊！

食譜

在烘焙的领域里，面包是变数最多的品种之一，只因为酵母是活的，难以控制，也因此，更有探索的乐趣。在练习做面包的时候，不妨多放下一些得失心，专注于过程，你会慢慢学会如何跟酵母相处。

制作工具

工欲善其事，必先利其器。在面包食谱的开头，先给大家普及一下制作面包的工具。前半部分适合给“面包小白们”阅读，后半部分列举的工具则适合资深爱好者使用。有些做面包的工具其实并不必需，可以用其他工具代替。在家里做面包，我以为还是乐趣大过专业，有些十分专业的器具，购买不便，使用不多，还会占厨房空间，我就不推荐了。

学做面包，需要置办哪些工具?

◆ No1. 做面包最基本的工具之一：面团刮板

揉面时帮助你将面团从手掌上刮下来，以及用它将粘在台面上的面团取下来且不损伤面团表面，将面团从发酵碗里取出，用机器揉面时也可以帮忙将面团从缸壁上刮下来等等，可以说是做面包时绝对离不开的小工具了。
用来做蛋糕也有用。价格也便宜，建议多备几块，至于形状嘛，你可以根据自己的需求来。我比较喜欢橘色的这种形状，适合女士使用。家里做面包时放发酵面团的器皿一般也不会很大很深，这个大小的刮板够用了。

◆ No2. 不锈钢切面刀

切分面团用的，也可以用来清除案板表面的污垢等等，属于可以不配备的工具，因为你也可以用塑料刮板来代替它。

◆ No3. 可以精确到 0.1 克的电子秤

原因很简单，因为称干酵母可能会出现 1 克以下的情况，所以当然要买可以精确到 0.1 克的家用电子秤咯。我用过法焙客和香山的，我觉得后者更好用，起跳快，待机时间长，不锈钢表面好清洁，良心推荐。

◆ No4. 插入式电子温度计

这也是做面包必需的工具，用来测量材料温度，更重要的是打面完成后测量面团温度，这样日积月累地知道数值，就能大概控制好面团的发酵时间啦。传说中有烘焙师傅只要摸摸面团就可以知道大概温度了，相信我，时间久了你也可以做得到，但在那之前，还是老老实实地用温度计吧。

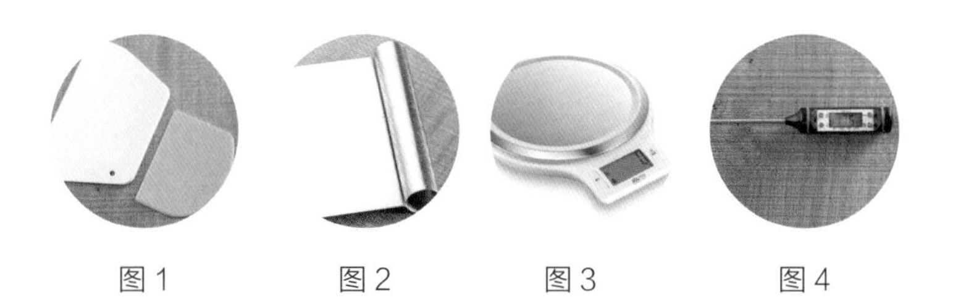

图 1　图 2　图 3　图 4

◆ No5. 擀面杖

用来擀开面团的，也算是必备工具之一啦，你完全可以根据自己的喜好和预算来购置。我前段时间曾参加日本某品牌电饭煲的活动，在活动上有老师示范怎么样盛米，就是将电饭煲配套的米罐装满米之后用擀面杖在米罐表面平平扫去多出的米。啊哈，这是擀面杖的另外一个用处，所以没事备一根还是挺管用的，说不定还可以防身用呢。

◆ No6. 面包刀

这，你都打算在自己家里做面包了，就不要买完面包后让面包店替你切了吧。家里有一把面包刀的好处显而易见啊，爱怎么吃就怎么切，随吃随切，多么的快意。我自己用的一把非常炫酷，网络上都很难买到，是瑞士山峰造型的面包刀，边缘齿轮的线条复刻瑞士某山峰的“侧颜”，而且非常的锋利。

◆ No7. 剪刀

很好理解，给面包造型的，割包刀不是那么必须，相比之下，随手可拿的剪刀就是比较讨喜的造型工具啦，而且还相对安全一些。

◆ No8. 液体刷

羊毛做的，用来刷液体会比较细腻，蛋液啦、橄榄油啦，都能刷。

◆ No9. 计时器

其实不是必需的，但我自己很喜欢用，如果你每次只做一种面包，那可以用手机来计时。如果是左右开弓，同时做两三款，或者一边做面包一边做饭的话，手机之外再来个计时器就是相当明智的选择啦。

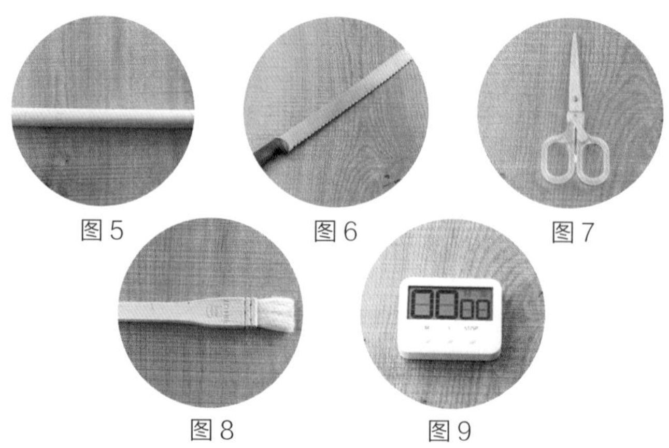

图 5　图 6　图 7

图 8　图 9

燕牌
高活性干酵母
saf-instant
LESAFFRE
乐斯福
15g
saf-instant
乐斯福

现在来说说一些更加专业的工具，呃，一般来说，这些工具你只要在家里备上两三样，别人就会对你的面包制作功力刮目相看，“哇，真的好专业啊！”

◆ No1. 发酵布

一块长长的、厚实的帆布，如果没有，可以用一块厚实的棉布代替。发酵布很适合用来发酵水分多的欧包面团。一方面，厚实的棉布可以用以支撑面团，面团不至于在发酵的时候由于水分太多而垮掉没型；另一方面，面团之间互相夹住以发酵布隔开，也真的很节省空间。怎么用？发酵布上均匀撒上面粉，然后将面团一块块放上去，面团之间将布拉高以作间隔，参考图 1。

◆ No2. 面粉筛

那么问题来了，用什么工具均匀撒面粉啊？手撒肯定不均匀，当然是面粉筛啦，除了能把面粉均匀撒在发酵布上，还可以撒在面包表面上做装饰用。

◆ No3. 面团转移板

问题又来了，怎么样把面团从发酵布上移到烤盘上呢？如果是小只的面团，用手移就可以；如果是像法棍这种的，有点长的呢？——家里做法棍能有多长？烤箱小，最多 30 厘米了——尽管如此，水分多的短棍面团还是需要另外备一个工具，叫做面团转移板。

记得选这种板呢，一定要选边缘薄一点的，不然很有可能不好操作。问题又来了？怎么用呢？请看左页。

发酵布一抽一拉，另外一边用板子接住，然后放在烤盘上就好啦——这个专业动作，需要练习噢。还有面团放在发酵布上的时候，你就要想清楚正面朝上还是正面朝下，这事关最终烘烤时哪面朝上。

◆ No4. 烘焙石板

想在家里烤欧包，没有烘焙石板几乎是不行的。买 1 厘米厚度的即可，230℃预热 25 分钟左右，再厚预热时间会更长。这块石板很能吸收热量，表面温度可达 300℃以上，用来烤欧包，底部会特别好吃。如果你偷懒，不想买石板，可以用一块纯平的金属板代替或者将烤盘翻转过来代替，但是效果会打折扣。

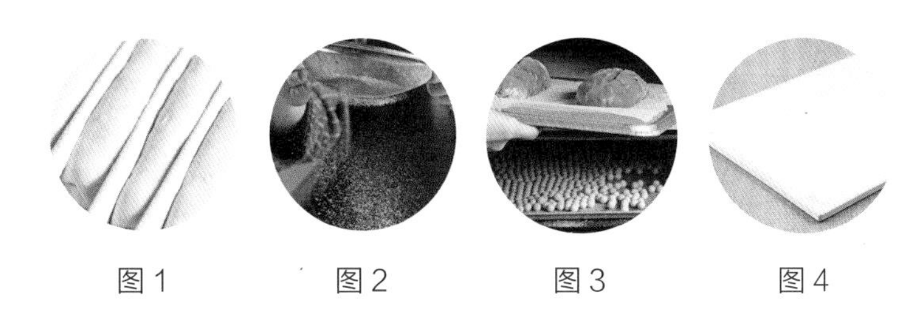

图 1　图 2　图 3　图 4

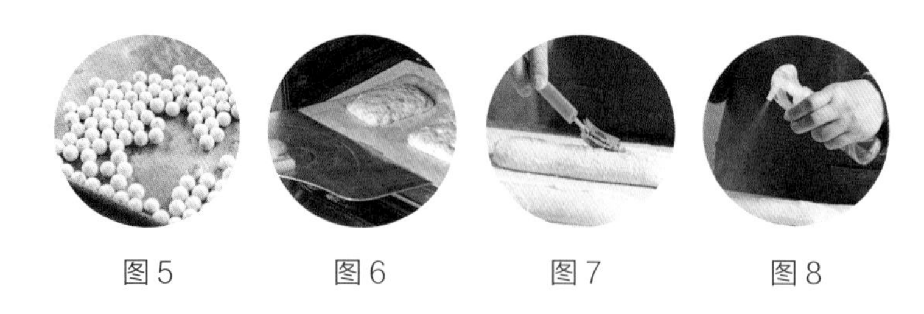

图 5　　图 6　　图 7　　图 8

◆ No5. 烘焙石

为什么又要烘焙石呢？是用来放在烤盘中放入烤箱底部制造蒸汽用的呀。欧包表面需要蒸汽，这样才能膨得开。如果不高兴买，这个完全可以省略，放块铁盘在烤箱底部浇上水也可以制作蒸汽的。

那么，烘焙石板和用来制作蒸汽的烘焙石，该放在烤箱的什么部位呢？请看 105 页图 3。

◆ No6. 入炉铲

问题又来了，面团怎么放进烤箱里呢？把烤盘放在烘焙石板上吗？当然不是，你还需要一个专业工具，那就是——入炉铲啦。

家用要买折叠的，这样收纳起来比较方便，用这个放面团特别省力，当然也是需要练习的。

那么问题来了，怎么放呢？请看图 6。如果不想买这个也没有关系，可以将烤盘翻转过来代替入炉铲，就像我视频里做的那样。（翻到后面扫描二维码即可观看我制作的视频）

◆ No7. 割包刀

非常锋利的小刀，买的时候要注意，要买刀片可以更换的噢。我推荐使用吉列刀片，很锋利。用的时候记得两个 45 度角，第一用刀尖割 45 度角；第二如果想要割出小耳朵，下刀不是垂直的而是 45 度角。怎么割？请看图 7。

◆ No8. 喷水壶

将面团用入炉铲送进烤箱的动作需要一气呵成，一个人对付门向外开的烤箱做不到又放面团又浇水制造蒸汽又关门，如果要做完这些的话，热量早就跑光了。所以我自己发明了在面团上喷水的技术，面团割完包之后，拿起喷水壶多喷一点水，在面团表面形成薄薄一层，送进烤箱后遇高温就是蒸汽呀。

喷水壶还有一个作用，面包放入烤箱重新回烤前表面上喷一层水，可以让面包回烤后没那么干，所以喷水壶是很好用的小工具，家里常备。

◆ No9. 烤箱温度计

机械式烤箱温度不太准的，尤其需要。

◆ No10. 面粉刷

咦？这个不是刷蛋液的吗？不是！这个比较大个，我是用来刷去多余的手粉的（用来增加面团表面摩擦力而在表面上撒上的适量面粉被称作“手粉”，手粉不能太多也不能太少），尤其是开酥时，避免面团上沾着多余的手粉，否则会影响最后的出品——没人想在可颂里吃到一口面粉吧？！面包店里的面粉刷还要大个，家里就用用小尺寸的吧。

◆ No11. 发酵篮

发酵篮有各种造型的。欧包面团很湿很软，用发酵篮支撑着发酵有很好的效果，表面的条纹也可以作为最后面包表面的肌理装饰。用之前，表面用面粉筛撒上一层均匀的面粉就可以把面团放进去了，烤之前，把面团倒扣在入炉铲上即可，所以放进面团的时候你要想清楚哪一面朝上。清理的时候把面粉刷出来，再敲打敲打去掉多余的粉就够了。千万不要洗，在比较潮湿的城市，如上海，洗过的发酵篮是会发霉的！

◆ No12. 各种模具

最常用的当然是吐司模具咯，买的话当然是买有盖子的，这样既可以做角形吐司，又可以做山形吐司啦。吐司模具也有很多尺寸，图 12 后方那个是最常见的 450 克，我倒是偏爱前方的 385 克的模具，因为家里烤箱矮呀，用这个做山形不容易表面糊掉。

还有很多其他模具，这里就不展示了，烘焙党都喜欢买模具，后来上了一节大师课，大师设计作品的时候尽量不用模具——想想也是，节约店里成本，节约洗模具的人力成本，多好的思路啊！

图 9

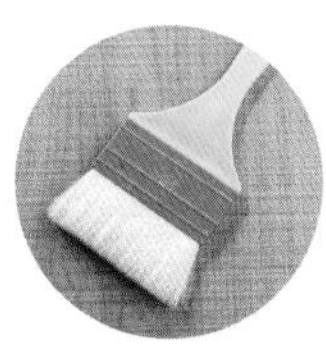

图 10

图 11

图 12

小白也能做

面团是会自己工作的

法国有句谚语，大意是这样说：面团是会自己工作的，面包师所做的只是帮助面团更好地工作。

当小麦面粉接触到水之后，小麦面粉中所含有的两大蛋白质——麦醇溶蛋白和麦谷蛋白便会跟水分子结合，形成面筋，这个过程有个科学名称，叫做“水合”。制作面包时，我们会通过搅拌这个步骤加快两者之间的融合，但如果不用强力搅拌，只是将小麦面粉和水混合均匀，让它们长时间地静置，面筋也一样会形成。这个方法通常被称为“浸泡”，也是我系统整理的“不揉面面包”制作法的理论基础。

在专业面包房里，面包师也会使用“浸泡法”来做面包，比如说法棍，面包师会将面粉和水缓慢搅拌均匀后静置半小时到一个小时，再加入酵母、盐等辅材，这样做主要是为了减少面团搅拌的时间，更好地保留面粉本身的味道。通常来说，搅拌越多的面团最后成品的气孔也越多越密，需要不规则气孔的法棍自然不需要那么多的搅拌。所以，“浸泡法”特别适合于想要凸显出面粉原味，又有很多不规则气孔的面包品种。

家庭制作欧包就很适合使用“浸泡法”，这个方法配合折叠和隔夜冷藏发酵的技术，可以完全不使用厨师机，这样一来就组成了一套系统的“不揉面面包”的制作流程。只需要将所有材料混合均匀，然后折叠和静置交互进行几次，再隔夜冷藏发酵即可，真心省力又环保。

在“小白也能做”这个章节中出现的几种基础面团都可以用“不揉面面包”制作法来制作，这样的制作方式早就存在，国外也有人写过书籍，但在国内还没什么人大力推广，可以说我是将这个方法系统整理出的“国内第一人”吧。这个方式适合每个想尝试做面包的人，也不需要购置搅拌机这样的设备，做的时候不开机器，安安静静，发酵时使用的又是我们每天都用的冰箱冷藏室，还不必守在面团旁边三个多小时，这样环保省力顺势而为的做法真心应该大力推广。

关于“不揉面”这个系列，我还给大家配上了自己拍摄的视频，“扫一扫”食谱中的二维码即可观看，在那之前，还需要唠叨几句：

1. 专业面包房也会使用浸泡法，但在浸泡之后还是会揉面的，所以我这个“浸泡 + 折叠 + 隔夜冷藏发酵”的手法比较适合家庭制作，面粉量不可以太多，250~400 克左右的粉量是最适合这样操作的。当然，有一些必须使用强力揉面的面包种类，比如说吐司，是不可以这样操作的，浸泡可以，之后也还是得强力揉面。

2. 因为全程不用大力揉面，所以请你在尝试制作的时候严格遵守我放入原料的步骤。先用水溶化酵母，再加入液体材料、小剂量的粉类，最后才是面粉，这样的步骤才能令所有材料混合均匀。

3. 为什么要用折叠的手法呢？先从“搅拌”说起，做面包为什么要搅拌面团？大家都知道面包成品会有好多孔洞，很多人认为这些孔洞是由发酵产生的，其实并不是，酵母只是负责产生气体，而气孔是通过搅拌制造的，准确地说，这些气孔是酵母发酵之后产生的二氧化碳的房间。那么，搅拌的动作又是怎样的呢？搅拌是由无数次折叠交织而成的，折叠是搅拌的拆解动作，也可以为面团中即将产生的二氧化碳制造空间。这样一解释，你是不是可以明白折叠的意义？折叠可以理解成“轻度搅拌”。

4. 冷藏发酵指的是放在4℃左右的温度中进行长时间低温发酵，这样做的好处有几个：首先，当然是让面团中的酵母慢慢工作，风味会更好；其次，降低了面团发过头的风险，时间长、温度低，等于是平滑了风险嘛；最后，就是我最喜欢的优点，你不需要守着面团，该干吗干吗去，第二天再来操作就好了，别超过24小时就可以！甚至你也可以尝试再少放点酵母，让它放个36小时或48小时。

这一款佛卡夏的配方是我从 M.O.F Jo ë l DEFIVES 学习得来的，为了方便大家在家里制作，将原配方中的天然酵种换算成了面粉和水。这个配方中加入了香草和土豆粉，吃起来很湿润 Q 弹。使用“不揉面”系统大法来制作，省时省力，很适合当做周末的 Brunch 来食用，周五准备好面团，周六上午稍微弄一下就可以开吃啦。

佛卡夏基础面团：具体制作方法请参考视频。

原料：

王后伯爵法式面粉 T65 200 克
土豆粉 25 克（可不加）
水 190 克
橄榄油 20 克
盐 5 克
鲜酵母 4 克
普罗旺斯香草 2 克（可根据口味换成其他香草）

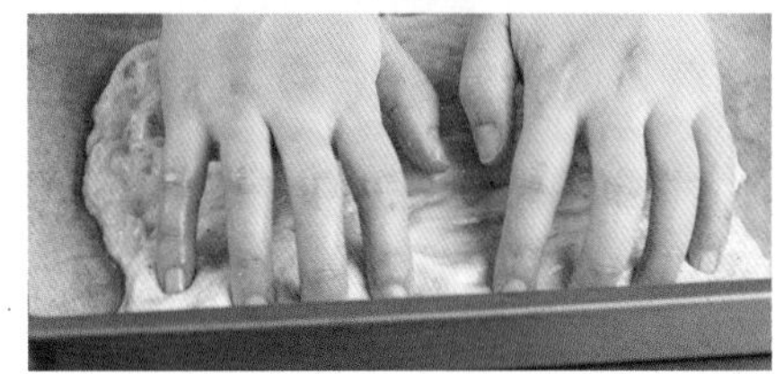

制作步骤：

1. 在料理盆中依次加入水、酵母、橄榄油、盐、土豆粉、香草、面粉，每加入一种材料便要搅拌均匀。因为用的是浸泡法，不会使用机器大力搅拌，所以要先用水将酵母溶解开，之后加入橄榄油成为混合液体后，再加入粉类材料。
2. 搅拌到无粉状态即可。
3. 用刮板将面团折叠一次，所谓折叠，是将面团往四周延伸，然后再折叠回来的过程。你可以将面团想象成一张纸，将四个角往外延伸，然后再折回来。
4. 25°C左右，密封静置 30 分钟左右，再次折叠。再密封静置 30 分钟左右，第三次折叠。之后密封放入冰箱冷藏室内过夜。
5. 第二天，取一个烤盘铺上烘焙纸，纸上倒上橄榄油后，用手指略微涂抹均匀。将面团倒在铺了橄榄油的烘焙纸上，面团表面上也倒上些橄榄油，橄榄油越多，面团表面越酥脆，所以你可以根据自己的喜好来决定倒多少油。
6. 用手指将面团往四周按压，一边按一边调整面团的形状。
7. 25°C 左右发酵 30 分钟左右，佛卡夏基础面团就已经发酵完毕，可以在表面撒点粗粒海盐直接放入烤箱，也可以在此时加上自己喜欢的馅料。

橄榄佛卡夏是佛卡夏中的超级经典款，意大利遍地是橄榄，估摸着佛卡夏诞生的时候就跟橄榄密不可分了。橄榄油和橄榄的组合，味觉上肯定是十分协调的，简单又好吃。

原料：

佛卡夏基础面团 200 克
去核黑橄榄 20 颗

制作步骤：

1. 将黑橄榄对半切开。
2. 依次间隔铺在佛卡夏面团上。
3. 预热烤箱，200℃烘烤 20 分钟左右即可。出炉后放凉切开，即可食用。

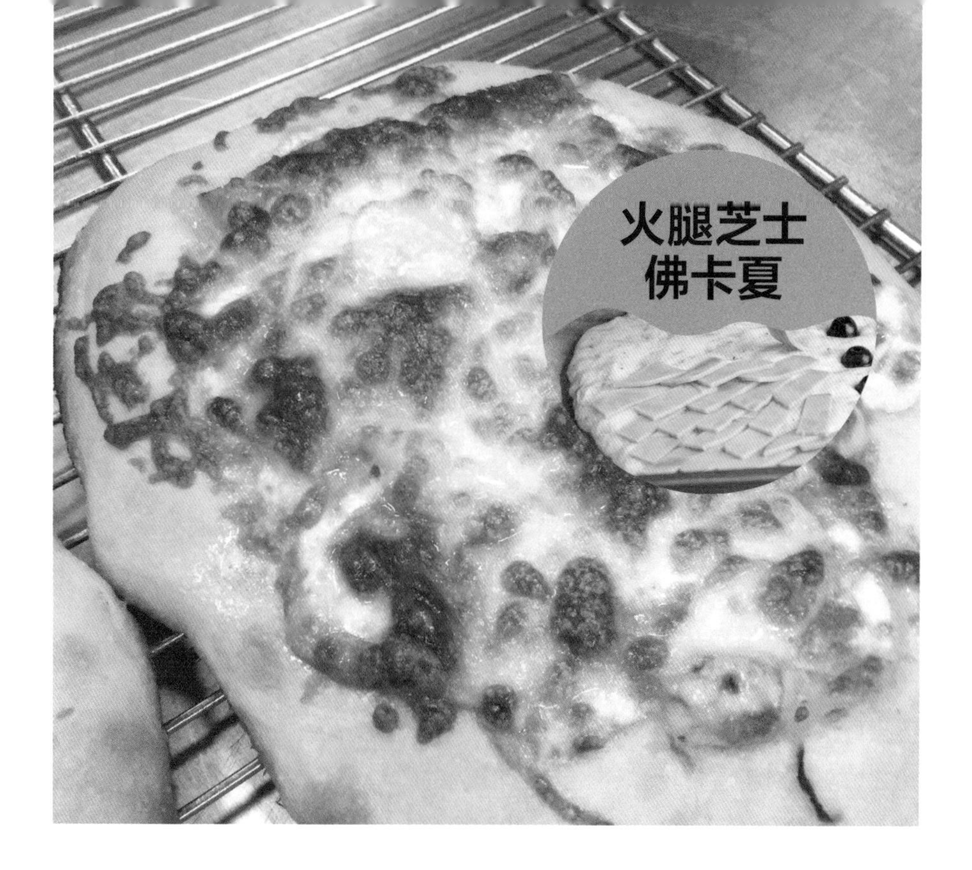

肉类和奶制品的搭配也很经典，如果不喜欢吃法式火腿，也可以换成金枪鱼肉罐头，记得使用前将罐头里的鱼肉用手挤一挤，挤出多余的水分，烤出来会比较好味。

原料：

佛卡夏基础面团 200 克
法式火腿 一包
陈年车打奶酪 若干

制作步骤：

1. 奶酪刨丝，法式火腿切小片。
2. 先在佛卡夏面团上铺上火腿片，然后撒上芝士丝，量多量少可以根据自己的口味来决定。
3. 预热烤箱，200℃烘烤 20 分钟左右即可。出炉后放凉切开，即可食用。

法棍

要做好法棍，有几个要点。

首先，整形时手法要轻，不然会把面团内的气泡压平，这样做出来的法棍气孔就很小，不好吃。第二，最终发酵时不要发足，要发到七分左右，保证面团进入烤箱后还有后续爆发的空间。最后就是烘烤时，要注意烤箱预热时间必须充分，保证烘焙石板有一定的温度，在面团表面喷上足够的水，便于形成水蒸气，才能烤出漂亮的法棍裂口。

用“不揉面”方式制作法棍面团，请扫码观看视频。

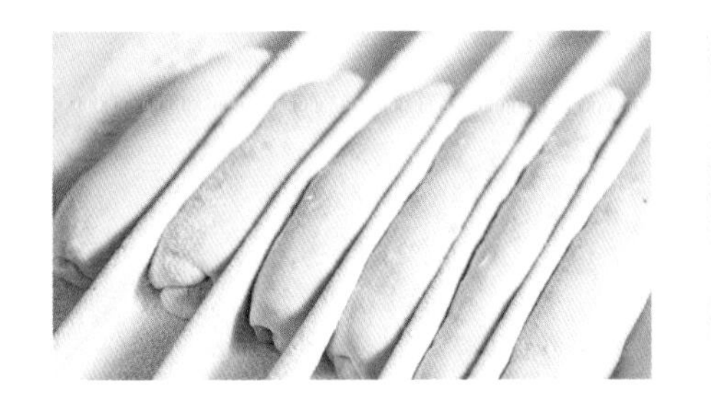

原料：

王后伯爵法式面粉 T65 480 克
水 312 克
盐 8.5 克
鲜酵母 4 克

制作步骤：

1. 在搅拌机里依次加入面粉、盐、水和鲜酵母，先低速搅拌到无粉状态，再打开高速搅拌，搅拌到面团脱离面缸即可。法棍面团不是一种需要长时间高速搅拌的面团，只要有七分膜就算完成了。
2. 放入料理盘中进行第一次发酵，25℃左右静置 90 分钟。
3. 取出后切分成为200克一份，略微整形，因为最终成为棍子形，所以此时的整形要点是要将四边往中间折入后成为一块长方形的面团，方便最终成形。
4. 静置 20 分钟，注意在面团表面盖上保鲜膜，防止水分流失形成表面硬皮。
5. 面团静置时，准备发酵布，将发酵布放在一块木板或翻转过来的烤盘上，方便之后移动位置，在发酵布上均匀撒上面粉。
6. 取面团，正面朝下，轻轻按压，然后从上往下折三折，折成棍子形，再略微用双手揉长即可。在家里制作法棍，长度根据自己的烤箱尺寸来。
7. 放入发酵布上，依次排列好，两个面团之间将发酵布往上提拉，形成自然的隔层。25℃左右再次发酵 45 分钟左右，此时可以打开烤箱预热烘焙石板，石板需要 230℃烘焙 20 分钟左右。
8. 将面团移至翻转的烤盘（也就是烤盘的背面）上，并从中间划一刀割包，注意刀片与面团形成 45 度角。
9. 面团表面喷水用以制造蒸汽，用翻转的烤盘将面团送入烤箱，置于烘焙石板上。230℃烘烤 20 分钟左右。

这是咸味版本的法棍延伸面包，芥末籽酸酸辣辣，搭配咸香的培根，再做成麦穗形，无论从造型还是味道上来说，都是非常经典的一款面包。用“百吃不厌”来形容它也不为过。麦穗形由好几个“滴滴头”组成，口感非常香脆，其中的培根露出表面来，经过烘烤，散发着美拉德反应（氨基酸、蛋白质和还原糖类在加热状态的反应）的浓郁香气。

原料：

法棍基础面团 120 克
培根 1 条
芥末籽酱 若干

制作步骤：

1. 法棍基础面团步骤参考法棍步骤 1 和 2。
2. 将面团切分成为 120 克每只，将四边折入面团内形成长方形，静置 20 分钟。
3. 将面团按平，拉起两边轻轻拉扯至跟培根长度差不多，然后面团上抹上芥末籽酱，再放入培根，从上至下按紧收口即可。
4. 放在发酵布上进行最终发酵，25℃左右再次发酵 30 分钟，转移至翻转的烤盘上，记得先铺上烘焙纸。用剪刀剪出麦穗形——斜斜剪下一块，注意不要剪断，交叉着往两个方向摆放。
5. 表面喷水，用翻转的烤盘将面团滑入烘焙石板上，230℃烘烤 15 分钟左右即可。

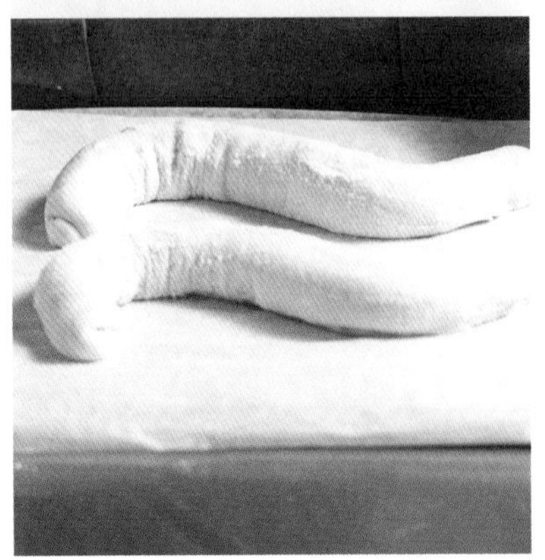

大纳言

原料：

法棍基础面团 120 克
红豆若干，铺满面团表面为止

制作步骤：

1. 法棍基础面团步骤参考法棍步骤 1 和 2。
2. 将面团切分成为 120 克每只，将四边折入面团内形成长方形，静置 20 分钟。
3. 将面团按平，适当往两边轻轻拉扯一下，从上往下折入 1/4 宽度的面团，作为预留的收口部位。上下翻转，将收口部位对着自己，在表面铺满红豆，然后从上往下翻折起来，将红豆包裹入面团中，收口部位按紧，略微向两边滚长一些。此时可以开始预热烤箱，230℃预热烘焙石板 20 分钟左右。
4. 放在发酵布上进行最终发酵，25℃左右再次发酵 30 分钟，转移至翻转的烤盘上，塑成“S”形，记得先铺上烘焙纸。
5. 表面喷水，用翻转的烤盘将面团滑入烘焙石板上，230℃烘烤 15 分钟左右即可。

所谓“大纳言”是日本人对“红豆”的称呼，所以大纳言就是红豆法棍啦。我个人很喜欢这个搭配，甜甜的红豆搭配略微有一点咸的法棍面团，整体不太甜，面香和红豆香都很出色，相比以甜面团做成的红豆面包，我觉得这款大纳言非常脱俗。

红葱头恰巴塔

在恰巴塔（Ciabatta）面团内加入炸过的红葱头，台湾人叫做“油葱酥”，就形成了独特的亚洲风味，烤制时会香气四溢，应该是很受国人欢迎的口味，这是我自己的创新之作。

原料：

法式面粉 T65 230 克
盐 5 克
水 160 克
橄榄油 20 克
鲜酵母 2 克
红葱头 25 克

红葱头恰巴塔可以用“不揉面”系统方法制作，具体制作方法请参考视频。

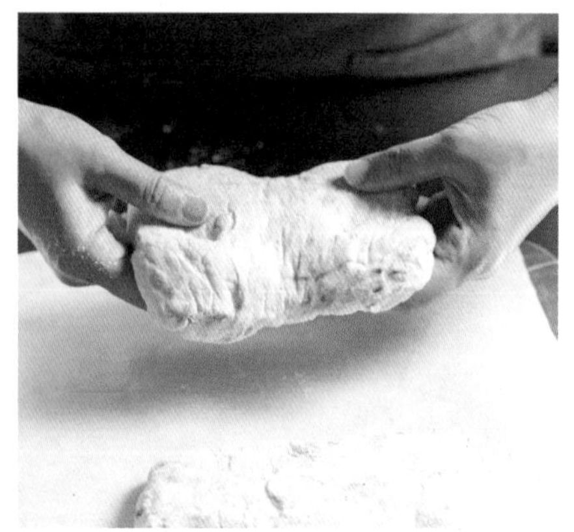

制作步骤：

1. 将面粉、酵母、水、盐一起倒入搅拌缸内，先低速，搅拌到无粉状态，再开高速。
2. 等到高速搅拌到面团脱离面缸，表面比较光滑的时候，再开低速，将橄榄油分两到三次缓慢加入，这时一直开着低速。
3. 等到面团将橄榄油完全吸收了，再打开高速，到面团变光滑、脱离面缸时即可取出。
4. 当面团搅拌完成时，在搅拌缸内倒入红葱头，开低速搅拌均匀即可，大概1分钟。
5. 理想的面团温度为24℃~26℃，这时放在25℃的环境中发酵90分钟。
6. 准备发酵布，在发酵布上均匀撒上面粉，发酵布下垫上一块硬板，可以是翻转的烤盘，这样会方便移动面团。
7. 在台面上均匀撒上面粉，取出面团。
8. 手上略微沾上面粉，将面团轻轻按压平整，一定记得要非常轻，将四边折叠到面团上，形成一个正方形。
9. 用切面刀将面团一切为二，放在发酵布上，上下拉开距离，左右用拉高发酵布的方式隔开。
10. 在25℃的室温下再发酵90分钟，记得表面要盖上薄膜，以防止面团表面变干。
11. 预热烤箱，中间放入烘焙石板，底层放上烤盘和烘焙石，浇上水制造蒸汽。230℃至少预热25分钟。
12. 在入炉铲上放入烘焙纸，再将面团翻转放在烘焙纸上，记得面团之间留有空隙，表面喷上水，送入烤箱。230℃烘烤15分钟左右，面团鼓起、表面上色即可。

学学就能做

法式吐司是一款经典的法国面包，也是法式面包的入门款。这个配方中的液体部分全部使用牛奶制作，营养丰富，口感偏扎实，无论是单涂上黄油，或者做成三明治，都是很好的选择。此配方中黄油的量也比较足，很适合在室温中密封保存，放上两三天没问题，所以是一款很适合家庭制作的面包。本食谱采用了手工揉面的制作流程，想学手揉面团的你不可错过！

原料：

法国面粉 T55 260 克
盐 5 克
细砂糖 10.5 克
干酵母 3.5 克
黄油 40 克
牛奶 170 克

1

2

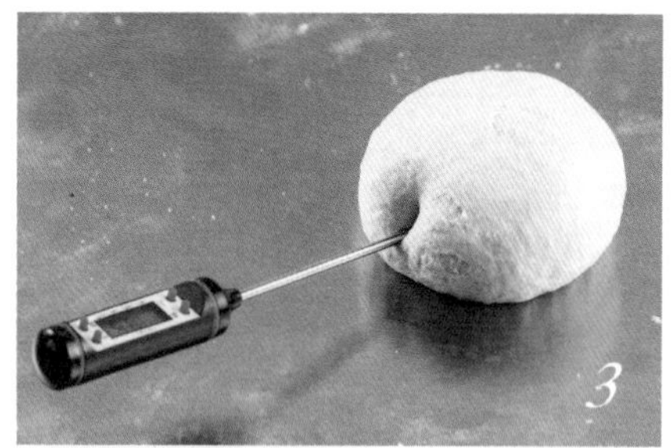
3

4

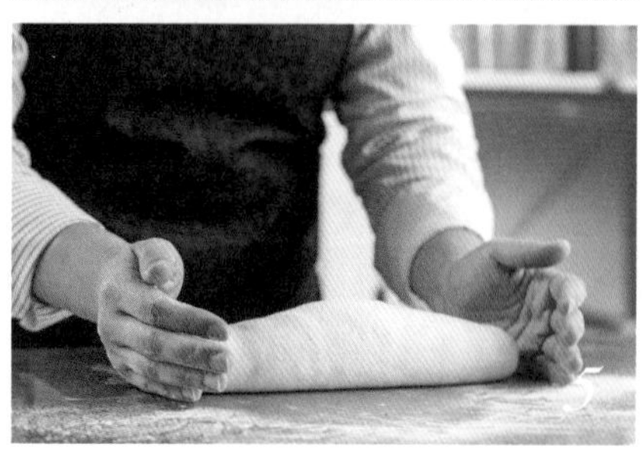
5

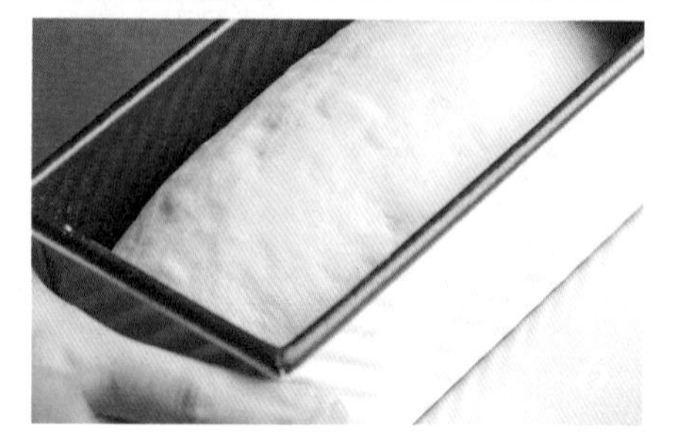

制作步骤：

1. 将面粉倒在桌面上，中间挖三个洞，一个放入干酵母，一个放入盐和糖，一个放入黄油。往酵母那个洞里缓慢倒入冰牛奶，并用中指和食指一起缓慢搅拌，让酵母化开，然后逐渐向外划圈，直到所有粉类都和液体融合。此时，改为按压手法，将黄油慢慢按压至面团中融化。
2. 黄油和面团融合之后，再进行摔打揉面，将面团往外甩出，再以手心中的面团折到甩出的部分面团之上，然后按压，接着从侧面拿起面团，再甩出、再按压。这样反复摔打，直到面团表面变得光滑，手上也不再粘有面团为止，俗语“三光”。
3. 将面团滚圆，并测量温度，理想中的面团温度为24℃~27℃，然后盖上保鲜膜或放入密封空间内进行第一次发酵，发酵温度为25℃~27℃，时间为90分钟左右。
4. 取出面团，倒在桌面上，再次滚圆，排出面团中的气体。之后，在桌面上静置20分钟，记得在面团表面盖上保鲜膜，防止面团表面变干。
5. 在面团表面上平均按压，将面团按扁，同时记得让表面朝下，从上向下一层一层地将面团卷起，并用手掌根部按压，记得要按紧，然后成为圆筒状，接口朝下放入吐司模具中。
6. 最终发酵，温度为25℃~27℃，时间为90分钟左右，当面团离开模具口一指左右盖上吐司盖，放入事先预热过的烤箱。温度230℃，烤制35分钟。
7. 烤完后，立即打开吐司盖，倒扣在晾网上，让吐司散热，放凉后放入密封口袋保存。

1. 吐司是一种需要强力揉面的面团，无论是手工揉面还是机器揉面，都需要挺长时间。所以为了控制面团完成时的理想温度，要记得一年四季都要使用冷藏牛奶、冷藏黄油，如果是盛夏高温时制作吐司，请事先将面粉也冷藏。

2. 本配方使用的是干酵母，如果使用新鲜酵母，用量以2倍计。

3. 配方中使用的是T55法式面粉，如果换成普通高筋粉或日式吐司粉，配方有可能不成立，所以尽可能使用法国面粉，任何品牌的法国面粉T55都可以。

4. 如何判断第一次发酵完成？用手指轻轻按压，面团不立即回弹即可。

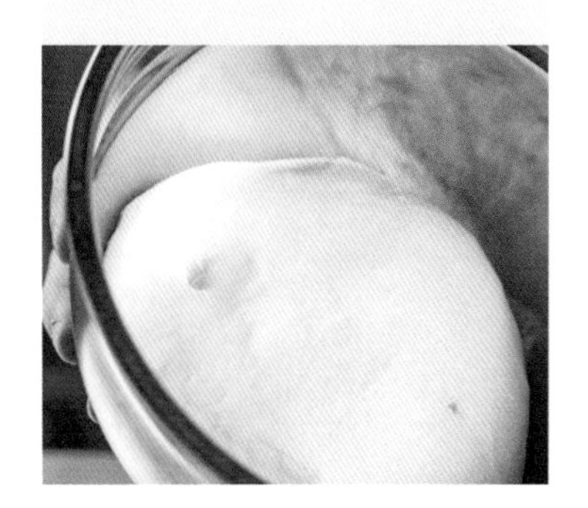

在法式吐司的面团中加入椰蓉馅，就可以变身为椰蓉吐司了，香甜的椰蓉和黄油、鸡蛋、糖融合在一起，口味浓郁、营养丰富，还有十足的热量，非常适合搭配咖啡和茶作为冬日下午茶点。

椰蓉馅原料：

黄油 25 克
细砂糖 25 克
鸡蛋 1 只
椰蓉 50 克

法式吐司基础面团 450 克

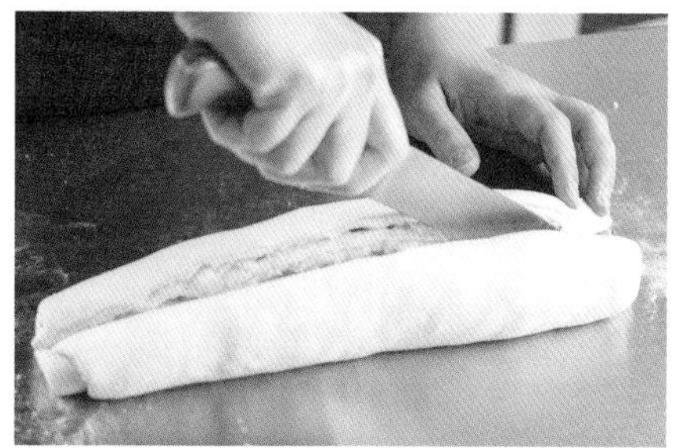

制作步骤：

1. 面团制作步骤请见法式吐司。
2. 在面团静置 20 分钟的时候，制作椰蓉馅，事先室温软化的黄油和其他材料混合搅拌均匀即可。
3. 将面团正面朝下擀开，成长方形，大约 30 厘米长，20 厘米宽，注意一边擀开一边防止面团底部粘住台面。
4. 将椰蓉馅平铺在面团上，薄薄地均匀铺开，从上往下卷起面团。
5. 卷好的面团接口向下，用刀从中间横向切开，并将两条面团缠绕在一起，有椰蓉的那面朝上，放入吐司模具。
6. 最终发酵，温度为 25℃ ~27℃，时间为 90 分钟左右，面团发酵至吐司模具口一样高时，表面涂上蛋液，入炉烘烤。温度 200℃，烤制 40 分钟。
7. 烘烤 15 分钟后，打开烤箱，在椰蓉吐司表面盖上一张锡纸，防止表面烤焦。
8. 烘烤后，倒扣在晾网上，放凉即可密封保存。

1. 注意将面团擀开的时候要缓慢擀开，不要一次太过用力，不然会将面团的表面擀破，成品会不美观。擀开面团的时候，记得桌面要略微撒上面粉，防止面团粘在桌面上，要注意时常检查。

2. 面团发酵时朝上的那一面始终是正面，记得区分，在静置和整形时始终记得将正面朝上或朝外，这样制作出来的面包表面会比较美丽。

3. 椰蓉吐司的表面涂有蛋液，又含有大量糖分，会很容易上色，所以放入烤箱后15分钟左右要记得盖上锡纸防止烤焦，但锡纸的面积不需要太大，只要比面包表面略微大一点点就好，否则会影响模具侧面的烘烤温度。

维也纳面包

维也纳面包里含有鸡蛋、黄油和砂糖，再加上全部用牛奶揉和，所以是一款很有营养的面包，口感比较松软，也不会太甜。烤完之后，可以搭配黄油、果酱，或者直接吃，也可以做成三明治，变化很多。

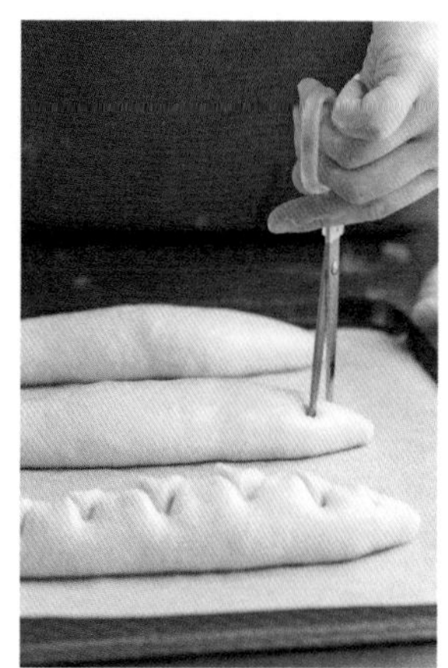

原料：

王后伯爵法式面粉 T65 或 T55 250 克
盐 4.5 克
糖 20 克
鲜酵母 6 克
鸡蛋 25 克
黄油 25 克
牛奶 138 克

制作步骤：

1. 将所有材料都放入厨师机中，打开低速搅拌。当所有材料都搅拌成团后，调至高速搅拌。搅拌到面团表面光滑，面团大部分脱离面缸为止。
2. 放入料理碗内，25℃ ~27℃环境中开始进行第一次发酵，时间为 90 分钟左右。
3. 取出面团，切分成团，根据自己的需要来切分。这个配方的量可以做 150 克的面包 3 根，也可以做 90 克的面包 5 根。滚圆后，静置 20 分钟。
4. 将面团的正面朝下，用手掌将它按扁按圆，然后从上往下折 1/3 面团下来，接缝处用手掌根压紧。再将面团上下翻面，依次再从上往下折 1/3 面团下来用手掌根压紧，这样做两次，就能得到短棍形，再用双手将短棍向前滚长。
5. 将滚长后的短棍放入烤盘中，记得将面团间隔开一段距离。
6. 刷上全蛋液。
7. 用剪刀剪出“之”字形刀口，深度大约 3~4 毫米。继续发酵，25℃ ~27℃环境中发酵 60 分钟左右。
8. 再次涂上蛋液，送入预热后的烤箱，180℃烘烤 20 分钟左右。

开心果维也纳面包

用开心果酱制作出的开心果卡仕达酱，香甜可口，再配上原味开心果碎粒，与原味维也纳的面团进行搭配，就立即变身成为一款可口的甜面包啦。绿油油的开心果配上焦糖色的面团，一看就觉得特别好吃。

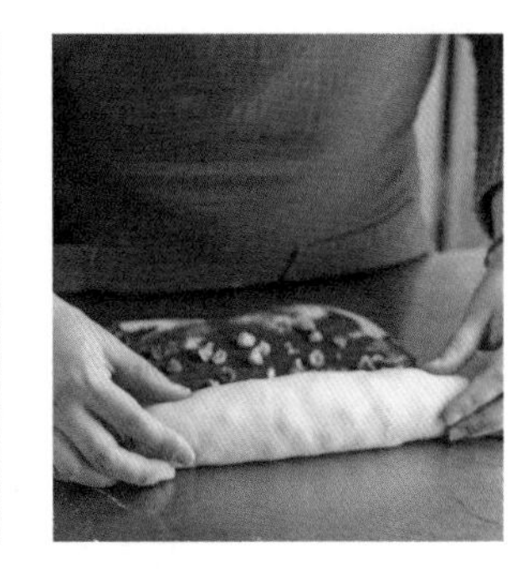

原料：

原味维也纳面团 450 克
开心果卡仕达酱 200 克
开心果（无盐味）150 克

制作步骤：

1. 面团制作步骤请参考原味维也纳前三步。
2. 第一次发酵后取出，不需要切分，用双手将面团滚圆排气，在桌面上静置 20 分钟。
3. 面团静置时，可以将无盐味开心果剥壳，并用剪刀将开心果粒剪碎，一剪为二即可，也不需要太碎。
4. 用擀面杖将静置后的面团擀开，擀成 24 厘米 ×30 厘米左右的长方形。
5. 在面团上涂上开心果卡仕达酱，并均匀撒上开心果粒。
6. 从上往下将面团卷起，注意不需要卷得太紧，当然也不要太松，自然卷起即可。
7. 将面团切成 4 厘米左右一段，然后横着放在烤盘上，中间适当留出空位，涂上蛋液进行最终发酵，温度 25℃~27℃，时间 60 分钟左右。
8. 发酵完毕后，再次涂上蛋液，送入预热后的烤箱，180℃烘烤 20 分钟左右。

开心果卡仕达酱制作

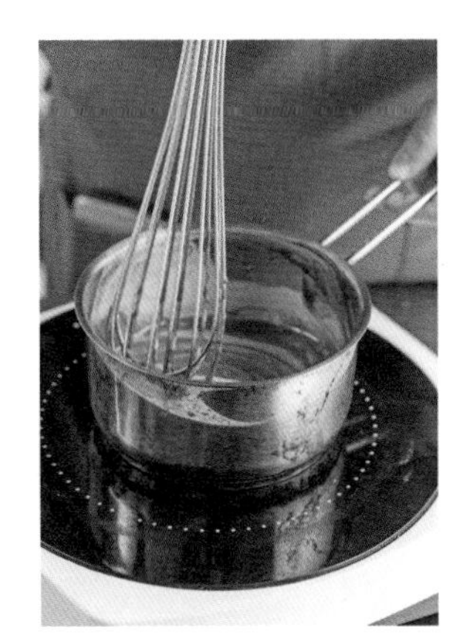

原料：

开心果酱 40 克
糖 30 克
鸡蛋 1 只
淀粉 15 克
奶油 100 克

制作步骤：

1. 将开心果酱、一半砂糖、鸡蛋和淀粉放入料理碗中混合均匀。
2. 将另一半砂糖和奶油一起放入小锅中煮沸，煮沸后倒一半液体入料理碗中。
3. 搅拌均匀后，将料理碗中的液体再倒回锅内。
4. 一边煮沸锅中液体，一边不断搅拌，防止淀粉结块，煮到浓稠后立即关火。煮完的开心果卡仕达酱放凉后使用，也可以提前一天制作，制作后用保鲜膜贴面保存，放入冰箱中冷藏，取出使用前搅拌一下即可。

法式乡村面包

这是一款加入了老面的法式乡村面包，在制作上相对容易。通常500克一只的法式乡村面包对于家庭烤箱来说太过大只了，所以我切分为300克左右一只，这样一来比较容易烤熟烤透。需要注意的是：法式乡村面包由于体积较大，比较难熟，需要采用降温烤制的技巧，前20分钟230℃烘烤，后20分钟200℃烘烤。

"S"形整形：
面团滚圆静置30分钟后，先将面团拍平并从上到下折三折成为长条形，向两边滚长后，表面撒上面粉，用擀面杖压出纹路后，再将两头分别朝两个方向折起成为"S"形。

原料：

王后伯爵法式面粉 T65 270 克

王后伯爵法式黑麦粉 T170（或王后伯爵法式全麦粉 T150）30 克

水 195 克

盐 5.4 克

鲜酵母 1.5 克

发酵面团 60 克

制作步骤：

1. 在搅拌缸中将所有材料倒入，先低速搅拌均匀，搅拌到成团后再开高速略微搅拌，搅拌到面团表面比较光滑脱离面缸即可。
2. 将面团取出收拢放入发酵碗中，室温25℃发酵90分钟左右。
3. 取出切分成两份，分别滚圆，放在操作台面上松弛，注意表面要遮盖；松弛20~30分钟左右。
4. 将面团再次滚圆，并从中间偏上一些的部位向前擀开，擀成半圆形之后折回覆盖在原来的面团上，成为烟草盒形。
5. 在发酵布上均匀撒上面粉，将烟草盒形的面团反转后放在发酵布上，室温25℃发酵60分钟左右。
6. 烤箱底部放入装有烘焙石的烤盘并浇上水制造蒸汽，中间放上烘焙石板，230℃预热至少25分钟；
7. 面团发酵完成后，正面朝上放在翻转过来的烤盘反面，割出树叶纹路并在表面上喷大量水，送入烤箱中。230℃烤制20分钟后，200℃再烤制20分钟，烤到表面呈褐色为最佳。当然也可以根据自己的喜好烤得浅一些，但确保面团一定要烤熟。

如何制作发酵面团

其实发酵面团就是经过发酵的法棍面团，在法国被叫做 Pâte fermentée，有人把它翻译成“老面”，也有人把它翻译成“中种”。一般来说，如果你看到一款无糖无油的面包原料里有“发酵面团”，那加入一份法棍面团是不会错的。

发酵面团既可以提前一天制作，也可以从之前的面团里留一块下来使用。我这里的发酵面团配方需要提前一天制作，以加入乡村面包的面团之中。

原料：

王后法式面粉 T65 80 克
水 52 克
盐 1.5 克
鲜酵母 1 克

制作步骤：

依次在搅拌盘中倒入水、酵母、盐和面粉，用手搅拌均匀即可，然后用保鲜膜包覆起来放入冰箱冷藏室，第二天取出就可以直接使用了。

无花果葡萄干乡村面包

以法式乡村面包为基础面团的花式面包，在其中加入了无花果和葡萄干，会很受小朋友以及不拿面包作为主食的食客们的喜爱，配咖啡、茶都是很好的享受。

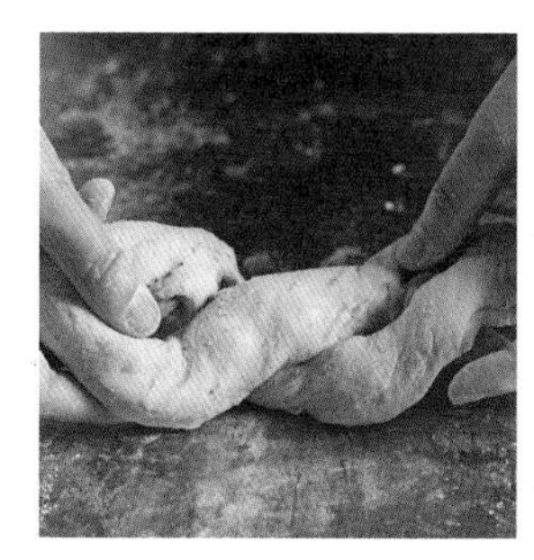

原料：

面团配方与乡村面包一致，额外再加入40克葡萄干、40克无花果干。

制作步骤：

1. 无花果干事先泡水10分钟左右，待略微软化后切成小块，在面团高速搅拌脱离面缸后，与葡萄干一起倒入面缸内，再低速搅拌均匀即可。
2. 将面团取出收拢放入发酵碗中，室温25℃发酵90分钟左右。
3. 取出切分成三份，分别滚圆，放在操作台面上松弛，注意表面要遮盖；松弛20~30分钟左右。
4. 轻拍面团，从上到下折三次后成为梭形，表面撒粉，用切面刀从梭形中间切开，将面团拗成麻花形即可。
5. 整形好的麻花形面团放在均匀撒了面粉的发酵布上，室温25℃发酵45分钟左右。
6. 烤箱底部放入装有烘焙石的烤盘并浇上水制造蒸汽，中间放上烘焙石板，230℃预热至少25分钟。
7. 将面团移到烤盘反面，面团表面喷上足够的水，这样面团进入烤箱后，表面上就会有足够多的蒸汽，滑至烘焙石板上，230℃烘烤18分钟左右。

如何浸泡水果干？

乡村面包面团也算是一大类基础面团了，有很多面包店在其中加入各种坚果和干果做成花式乡村面包。如果是无花果干这一类非常干的果干，需要事先在水中略微浸泡，大约 10 分钟左右，一是为了方便切分，二是为了防止果干从面团中吸收大量水分。如果是葡萄干、杏干这一类半干的水果干，可以直接加入面团中，但可以在面团中略微多加一点点水，这样的话，最后制作出来的面团就不会偏干了。

德国黑麦啤酒面包也是乡村面包的一种，这个视频是以“不揉面”的方式来操作的，大家可以参考这个视频，也能用“不揉面”的方式来制作法式乡村面包。

多练才会做

这个配方来自日本著名的面包师山崎丰，原方用的是日清山茶花面粉，我自己改用在市面上可以买到的王后日式吐司粉来做。配方中含有 20% 的全麦粉，事先做了烫种，令全麦粉的口感变得柔和，糖度方面用蜂蜜代替了一部分白砂糖，整体热量降低，是一款口感好，脂肪含量也较低的吐司，很适合想要减脂的美女们在夏天食用。

原料：

烫种：

王后全麦粉 50 克
沸水 62.5 克

主面团：

王后日式吐司粉 200 克
糖 15 克
蜂蜜 7.5 克
盐 5 克
奶粉 7.5 克
鲜酵母 6.25 克
冰水 130 克
黄油 20 克

制作步骤：

1. 制作烫种：将 50 克全麦粉倒入搅拌盆中，同时煮水，当水煮沸时，一边倒入盆中一边称量，然后搅拌均匀，包入保鲜膜中，放入冰箱冷藏隔夜备用。切勿先称水再煮水，这样一来，水量会因蒸发而不准确。
2. 次日，准备主面团，将黄油之外的所有材料都放入搅拌机中，先低速搅拌，再高速搅拌，搅拌到面团脱离面缸时，再加入黄油低速搅拌，黄油融化后再高速搅拌，搅拌到脱离面缸，能够拉出薄膜，破洞周围呈光滑状即可。
3. 将面团取出收拢放入发酵碗中，室温 25℃发酵 60 分钟左右。取出面团，轻轻按平，从左至右三折叠，再从上至下三折叠后放入发酵碗中，再次发酵 60 分钟左右。取出面团后，平均切分成四份，滚圆静置 20 分钟，记住表面遮盖。
4. 再次将面团收紧滚圆，将四个面团排列在一起，双手收拢放入吐司模具中。
5. 室温 25℃发酵，当面团涨高至吐司模具口时表示发酵完成。
6. 烤箱预热至 200℃后，在吐司面团表面喷水后放入烤箱中，烘烤 15 分钟左右，在面团表面加盖锡纸，然后再继续烘烤 25 分钟左右。取出后放凉即可。

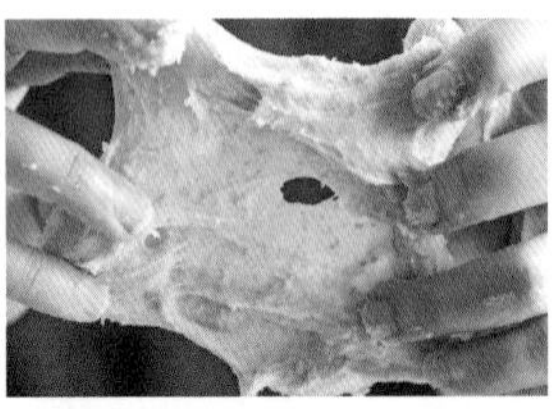

制作烫种

这款北海道吐司的配方中含有四种奶制品——奶粉、奶油、牛奶和黄油，所以我为它取了一个昵称，叫做“全是奶”。四种奶制品加上低温隔夜中种发酵的技术，不仅使它口味浓郁，而且十分耐放，应该能够得到全家老少的欢心。

因为中种中将所有的面粉都加入了，所以这个配方是 100% 中种法的做法。这个百分比是根据中种中的面粉和整个面团中面粉的比例来计算的，比如中种中面粉 70 克，整个面团面粉是 100 克，那么我们可以把这个叫做 70% 中种面团。

中种原料：

王后日式吐司粉 250 克
牛奶 80 克
奶油 70 克
蛋白 17.5 克
糖 7.5 克
鲜酵母 3 克
黄油 5 克

制作步骤：

1. 将中种的所有原材料都倒入搅拌缸中搅拌均匀，不需要搅拌出强力面筋，只需要搅拌成团即可。
2. 取出后放入面团碗中，盖上保鲜膜，冷藏室里低温发酵一夜备用。
3. 发酵好的中种跟刚刚做好的中种，体积相比会变成两倍大。

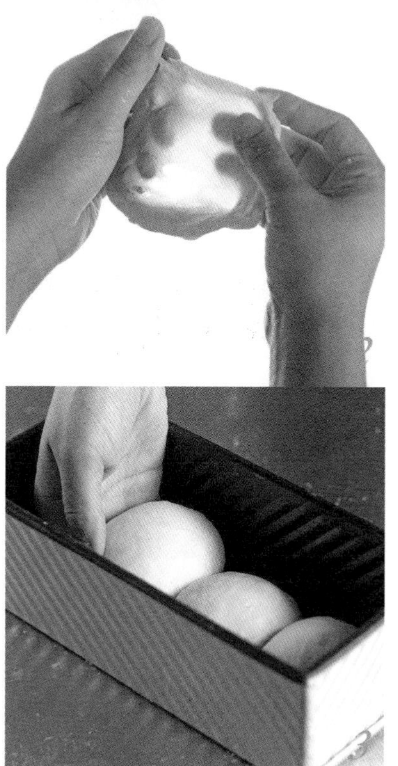

主面团原料：

蛋白 20 克
糖 30 克
盐 3 克
奶粉 15 克
鲜酵母 2 克
黄油 5 克

制作步骤：

1. 将隔夜冷藏的中种取出，撕成一小块一小块放入搅拌缸内，再倒入除了黄油之外的其他材料。
2. 先低速搅拌均匀，再高速搅拌到面团脱离面缸。
3. 加入黄油后再次低速搅拌，之后再高速搅拌到出现手套膜。
4. 搅拌至完全延展状态的面团应该非常光滑，将它放在桌面上静置 20 分钟，记得表面遮盖。
5. 切分成四等份，滚圆，再次静置 10 分钟。
6. 将面团分别一一滚圆，依次放入吐司模具中。
7. 室温 25℃发酵 60~90 分钟，当面团表面接近吐司模具口时说明发酵完成。
8. 表面涂上全蛋液，放入事先预热好的烤箱中，200℃烘烤 40 分钟，记住表面上色之后以锡纸遮盖。

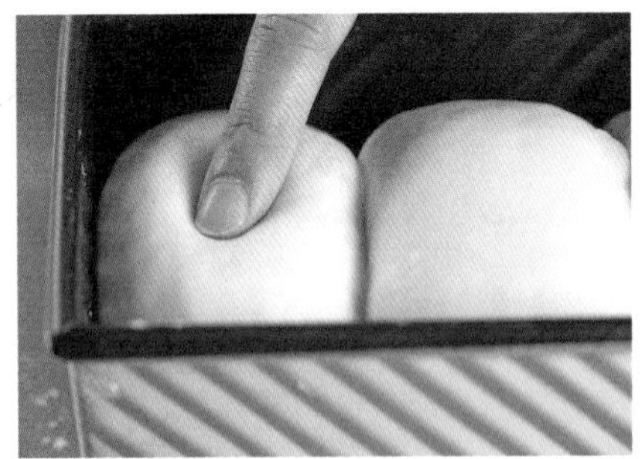

如何判断面团发酵完成？

一般来说，吐司面团发酵完成是比较容易判断的，当面团表面涨至模具口即可。如果不是吐司面团的话，一般甜面团发酵完成需要用手指轻轻触碰面团表面，如果轻按下之后缓慢弹起，那就说明发酵完成了。请记住，一定要是轻轻按压下去噢，如果很重地压下去，会将面团表面压破，造成面团表面的损伤。

“后油法”是什么?

通常我们加黄油，一般选择“后油法”会比较妥当。“后油法”的搅拌方式，是先把除了黄油之外的所有材料都加入搅拌缸中，先低速混合到看不到任何一种单独的材料，再高速搅拌到面团脱离面缸，这时面筋大约有七分左右。这时再以低速加入黄油，低速搅拌至黄油全部吸收后，再高速搅拌到脱离面缸。北海道吐司和一般的吐司面包一样，对面筋的要求比较高，一定要搅拌到最终阶段（Final Stage）才行，也就是要出现我们所说的“手套膜”。

因为吐司面团的搅拌时间本身就比较长，所以对于材料的温度要求就更高，在大夏天做吐司是非常考验面包师功力的。在家里操作不一定能有专门的冷气房来做面团——大部分主妇都在没有空调的厨房里制作面包，这时我建议将所有的材料都事先冷藏，面粉也要冷藏，倒入搅拌缸称量前再拿出来。如果可以，搅拌缸也最好事先冷藏，家用搅拌机功率较低，搅拌时间会更长，也容易升温，所以这一步也是必要的。

烫种黑巧克力吐司

烫种是用100℃开水冲入面粉让面粉糊化后形成的面团，其目的在于增加整个面团的吸水性，前面已经介绍过，这个办法来源于中式面团的制作技巧。这个黑巧克力吐司的配方是我个人独创的，烫种和面团的比例我试验过很多次，巧克力豆的比例也经过调整，现在这个配方是我比较满意的，用料很足，每口都可以吃到巧克力豆。

原料：

吐司粉 200 克
可可粉 10 克
糖 20 克
盐 3 克
鲜酵母 6 克
烫种 60 克（25 克面粉，35 克水）
水 140 克
黄油 20 克
黑巧克力豆 60 克

烫种制作步骤：

1. 在面粉缸中放入25克吐司粉。
2. 将水烧开，一边倒一边称量35克，将缸内的面团搅拌均匀。
3. 取出后放入保鲜膜中，放入冰箱中冷藏，隔夜取出使用即可。如果无法隔夜，也请至少提前1个小时制作，使面团可以降温到室温，再跟其他材料一起进行搅拌，不然会令最终的面团温度过高。

制作步骤：

1. 将除了黄油、黑巧克力豆之外的所有材料加入搅拌缸中，先低速搅拌到无粉状态，再高速搅拌到面团几乎全部脱离面缸。
2. 再加入黄油，低速搅拌至黄油全部吸收后，再高速搅拌至面团全部脱离面缸，出手套膜。
3. 加入黑巧克力豆低速搅拌均匀即可。
4. 将面团放置于发酵缸中，第一次室温25℃上下发酵60分钟左右，用手指轻轻按压下去不反弹就说明第一次发酵完成了。
5. 取出后一切为二，滚圆后静置20分钟，记得表面遮盖。
6. 取出一块按扁后，从上至下折叠三次，接缝处按牢，然后往两边略微揉长，另一块面团也是如此。然后将第一根面团再次揉长，将第二根也揉长，两根交叉折叠起来放入吐司模具中，进行最后一次发酵，室温25℃发酵60分钟左右。
7. 烤箱预热200℃，待吐司面团发到跟模具边缘差不多高度时，在面团表面喷上水之后送入烤箱中，烘烤到15分钟左右在面团表面盖上锡纸。
8. 200℃烘烤40分钟，取出放凉后即可食用。

这款面包的配方来自我在乐逢法式厨艺学校进修的大师班课程，巧克力和橙皮本身是一对经典搭档，光看名字就会觉得好吃。大师在其中加入了一小撮辣椒粉，增加一点点风味，我没有找到一模一样的，就用西班牙甜椒粉代替了，效果也不差。原来配方中的天然酵种我也改换成了波兰酵头，操作简单很多。

原料：

法式面粉 T65 200 克
可可粉 16 克
糖 8 克
盐 4 克
波兰酵头 20 克
鲜酵母 2 克
水 160 克
糖渍橙皮丁 50 克
黑巧克力豆 20 克
西班牙甜椒粉 1 克

制作步骤：

1. 将面粉、水、盐、糖、鲜酵母、波兰酵头、可可粉和西班牙甜椒粉一起放入搅拌缸内，先低速搅拌到形成面团，之后再高速搅拌到至大部分面团脱离面缸。
2. 加入糖渍橙皮丁和巧克力豆，再次低速搅拌均匀即可。
3. 取出面团，整理后放入面缸中，第一次室温 25℃左右发酵 60 分钟。或者，可以将面团放入密封容器内，在冰箱冷藏室中低温发酵一个晚上。
4. 切分面团，将面团一切为二，滚圆后放在桌面上静置 20 分钟，注意表面遮盖。
5. 操作台上撒上面粉，将面团按扁后从上往下卷成梭形，记得将接口处按压紧实。
6. 整形好的面团接口朝下放在事先撒过面粉的发酵布上，静置 60 分钟，进行最终发酵，注意表面遮盖。
7. 烤箱中层放入烘焙石板，底下放上盛了烘焙石的烤盘，倒入冷水，220℃预热 30 分钟。
8. 将烤盘反转，铺上烘焙纸，将发酵好的面团放在烘焙纸上，中间划一刀，表面喷上薄薄一层水，送入烤箱中置于烘焙石板上。
9. 230℃烘烤 20 分钟，取出后摊凉后即可食用。

如何判断欧包有没有烤熟?

我曾经看过一篇采访“面包世界杯”主席，也就是我的祖师爷 M.O.F Christian Vabret 先生的文章，他认为很多面包师都犯了一个错误，那就是面包没有烤熟。其实，这种情况在我们身边的面包房里经常发生，没有烤熟的面包吃起来中间黏黏的，但如果不是专业的面包从业者，只是普通客人，还真的是很难判断出面包到底烤熟了没有。因为从表面上来看，烤熟的面包和没烤熟的面包都差不多，就算你觉得面包吃起来黏黏的也可能会觉得“也许这个品种就是这样的”，对不对?

这次就来教大家一个判断面包是不是烤熟的小技巧。面包烤熟之后，内心应该是充满空气的，组织里的多余水分因为烘烤而流失，所以将面包反过来，用手指敲击面包底部，可以听到空空洞洞的响声；如果听起来声音显得很沉重，那么就说明面包里还有很多水分，面包自然还没有烤熟。

布里奥

跟许多其他种类的面包一样，布里奥也有多种多样的配方，有用波兰酵头的，有用天然酵种的，有用香槟酒来做酵头的，等等。我这次介绍的配方是比较简单的布里奥配方，采用直接法制作，不需要事先制作酵头，黄油含量高达50%，也是很可口的。

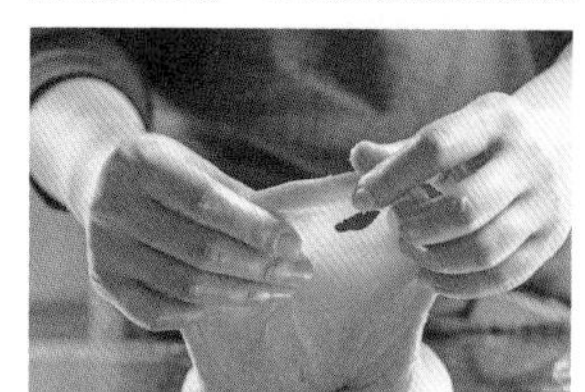

原料：

法式面粉 T55 240 克
糖 36 克
盐 5 克
酵母 4 克
牛奶 7 克
鸡蛋 144 克
黄油 120 克

制作步骤：

1. 事先将面粉、牛奶、鸡蛋冷藏。
2. 将除了黄油之外的所有材料都倒入搅拌缸中，先低速搅拌至成团，再高速搅拌至面团脱离面缸。
3. 分几次加入黄油，低速搅拌，每一次都要等到上一次的黄油被完全吸收后再加入，等到黄油全部被面团吸收后，再高速搅拌至面团脱离面缸。
4. 取出面团，整理成表面光滑的样子，放入发酵盆中，密封好放入冰箱冷藏室中，隔夜冷藏，低温发酵。
5. 次日，取出面团切分成三个 100 克的面团，这是制作三股辫子造型用的；剩余的一分为二，各自做一个单股辫造型。
6. 分别滚圆，放在事先撒过面粉的盘子上，密封后放入冰箱中冷藏 30 分钟左右。
7. 每次取出一个圆形面团，两面按压，折叠成长梭形，如果感觉到面团融化，就放在盘子上，密封冷藏 20 分钟左右再拿出来操作。
8. 将整形（如何整形请看右页）好的面团放在烤盘上，刷上第一层蛋液。
9. 放在室温 25℃中，发酵大约 1~2 个小时，放入烤箱前再刷上第二层蛋液。
10. 烤箱预热到 200℃，将布里奥面团放入烤箱中，待到表面上色后盖上一层锡纸，不然表面会容易烤焦。单股辫布里奥烘烤 15 分钟左右，三股辫布里奥烘烤 30 分钟左右，取出后摊凉即可食用。

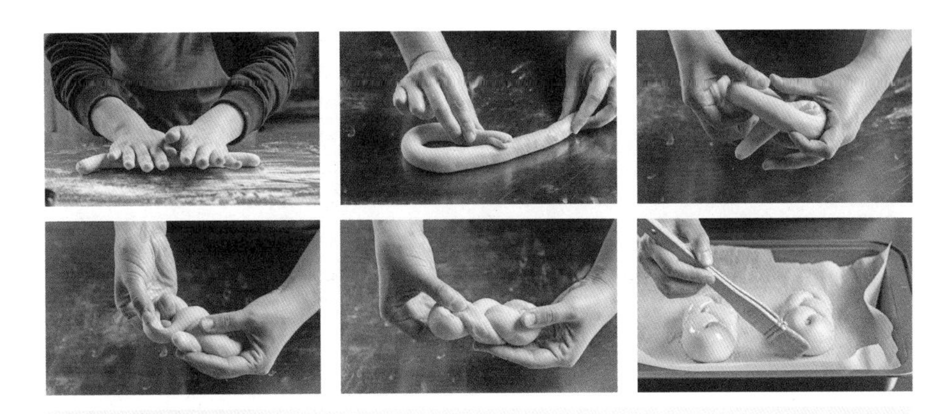

单股辫造型：

A 将冷藏后的长梭形面团拿出来滚长，如果感觉到面团融化，就把它放在盘子中密封再次放入冷藏中，依此类推，直到面团滚长至足够长度才能整形。

B 将面团在三分之一处折至另三分之二的中间，另一头折到圆圈中间，类似打结，再将圆圈翻转，将之前的那头塞入翻转到圆圈中，形成“百叶结”的造型即可。

三股辫造型：

A 将冷藏后的长梭形面团拿出来滚长，如果感觉到面团融化，就把它放在盘子中密封再次放入冷藏中，依此类推，直到面团滚长至足够长度才能整形。

B 将三股长面团编成麻花辫的造型即可。

布里奥面团适合低温冷藏发酵

正如我提供的配方中所显示的，这一款布里奥面团的黄油含量为50%，如果打完面直接操作的话，面团的状态会很软，而且由于进行了长时间的搅拌，面团本身的温度会偏高，那也就意味着很容易发酵过度。这一点对于新手来说是最大的难度，整形难度高加上发酵迅速，很容易影响风味。所以有经验的法国面包师会在面团搅拌完毕后就把它整理好密封放入冰箱冷藏室内进行第一次发酵，一般都是隔夜的，到了第二天拿出来操作。

经过一夜低温冷藏的布里奥面团，一方面较易操作，因为面团变硬了，另一方面由于发酵足够，风味也会非常好，之后的流程也容易控制好。因为含有大量黄油，整形时可能会因为手温过高而发生面团变软融化的情况，这时我们就要及时停止操作，把整形到一半的面团密封放入冷藏室内，等到面团又变硬之后再拿出来操作。这样可以反复几次，才能完成最终的整形。注意一定要有耐心，不然就会前功尽弃了。

我这个配方的操作流程中还有一点特殊的地方，就那是要刷两层蛋液。一般来说，我们都知道刷上一层蛋液，一是为了让面团表面上色，另一个是让面团的表面湿润，从而让面团在烤箱中更好地膨胀开来。刷两层蛋液呢，是让表面的颜色更漂亮。法国面包师喜欢布里奥的表面颜色偏深褐色，风味更足，也令人更有食欲。从这个角度来说，刷两层蛋液不仅仅是技术，也是一种对于食物的审美了。

大量黄油如何添加进面团?

黄油富含营养，能够滋润面团，增加面团的延展性，但是呢，大量的黄油也会妨碍面筋的形成，所以制作高油高糖的布里奥面团时，何时加入黄油就是一个关键点。

搅拌布里奥面团，要记住“两次脱离面缸”这句话。第一次面团脱离面缸时，就是加入黄油的关键点，大量的黄油要少量多次添加，一边以低速搅拌，当面团把黄油吸收干净后再加入下一批黄油，直到黄油全部被面团吸收即可。然后再开以高速搅拌，一直搅拌到面团第二次脱离面缸为止。这个时候的面团状态，用国内烘焙界常用的术语，就是要揉出手套膜了。

图书在版编目（CIP）数据

面包八卦 / 娄睿佳著——上海：上海文化出版社，
2020.4
ISBN 978-7-5535-1914-2

Ⅰ. ①面… Ⅱ. ①娄… Ⅲ. ①面包 – 制作
Ⅳ. ① TS213.21

中国版本图书馆 CIP 数据核字 (2020) 第 046550 号

出 版 人：姜逸青
责任编辑：黄慧鸣　张 琦
整体设计：李　蔚
封面题字：黄渊青

书　　名：面包八卦
作　　者：娄睿佳
出　　版：上海世纪出版集团 上海文化出版社
地　　址：上海市绍兴路 7 号 200020
发　　行：上海文艺出版社发行中心
　　　　　上海绍兴路 50 号 200020 www.ewen.co
印　　刷：浙江海虹彩色印务有限公司
开　　本：710 × 1000 1/16
印　　张：11.5
印　　次：2020 年 6 月第一版 2020 年 6 月第一次印刷
书　　号：ISBN 978-7-5535-1914-2/ /TS.068
定　　价：58.00 元
告 读 者：如发现本书有质量问题请与印刷厂质量科联系 T：0571-85099218